大数据背景下的
数据挖掘技术及算法研究

康耀龙◎著

武汉理工大学出版社
·武汉·

图书在版编目（CIP）数据

大数据背景下的数据挖掘技术及算法研究 / 康耀龙

著． -- 武汉 ： 武汉理工大学出版社，2025. 7. -- ISBN

978-7-5629-7494-9

Ⅰ．TP311.131

中国国家版本馆 CIP 数据核字第 2025HH1947 号

责任编辑： 严　曾

责任校对： 尹珊珊　　　　　　　　　　**排　　版：** 任盼盼

出版发行： 武汉理工大学出版社

社　　址： 武汉市洪山区珞狮路 122 号

邮　　编： 430070

网　　址： http://www.wutp.com.cn

经　　销： 各地新华书店

印　　刷： 天津和萱印刷有限公司

开　　本： 710×1000　　1/16

印　　张： 10.25

字　　数： 171 千字

版　　次： 2025 年 7 月第 1 版

印　　次： 2025 年 7 月第 1 次印刷

定　　价： 62.00 元

前　言

在信息化时代的浪潮下，大数据的迅猛发展已经深刻地改变了社会的各个层面。作为支撑数字经济和智能社会的重要基础，大数据不仅仅是对海量信息的存储和管理，更是通过精细化的分析，挖掘其潜在的价值与规律。随着数据采集手段的不断丰富与计算能力的持续提升，大数据的应用已经渗透到医疗、金融、交通、教育等各个领域，成为推动社会发展的核心力量。在这一背景下，数据挖掘技术作为从海量数据中提取有价值信息的重要手段，已成为现代科学研究与实践应用的重要方向。数据挖掘技术不仅帮助企业发掘新的商业机会，也为政府、科研机构及社会各界提供了支持。

本书共分为六章，系统地阐述了大数据背景下的数据挖掘技术与算法。第一章从大数据的内涵、特征及其社会影响入手，帮助读者了解大数据的基础知识，为后续章节的展开奠定基础。第二章重点介绍数据挖掘的概念、功能、类别，以及常用的工具和实施步骤，帮助读者全面掌握数据挖掘的基本方法。第三章和第四章详细探讨大数据背景下的核心与高级数据挖掘技术，包括关联规则挖掘、聚类算法、分类预测、回归算法等，以及自然语言处理、视频数据挖掘、社交网络数据分析等前沿应用。第五章聚焦于数据挖掘的实践应用，分析其在网络安全、态势感知、医疗系统等实际场景中的应用效果。第六章介绍基于谱聚类的异常数据挖掘方法，并深入探讨了如何在高维数据中进行异常子群和离群点的挖掘。

本书的最大特色在于将大数据技术与数据挖掘算法的理论和实践相结合，构建了从基础到进阶的完整知识体系。首先，书中详细介绍了数据挖掘的核心算法和技术，帮助读者全面了解如何从复杂的大数据环境中提取出有价值的信息。其次，针对大数据背景下新兴技术的发展趋势，书中特别增加了自然语言处理、社交网络数据挖掘、视频数据分析等具有前瞻性的内容，紧跟大数据应用的潮流，为读者提供了丰富的最新研究成果。这些特色使得本书成为数据挖掘领域中实践与理论的有机结合体，对于希望在大数据领域有所突破的读者而言，具有较高的指导价值。

康耀龙

2025 年 2 月

目　录

第一章 概　　述

随着信息技术的飞速发展和数据量的急剧增加，大数据已成为当今社会发展的核心要素。基于此，本章将重点论述大数据的内涵与特征、大数据对社会的影响、大数据的来源与产生方式、大数据在不同领域中的应用。

第一节　大数据的内涵与特征

一、大数据的内涵

大数据是指传统数据处理技术无法有效处理的庞大、复杂且多样化的数据集合。这些数据超出了常规存储、管理和分析能力的数据量，涵盖了海量的结构化、半结构化和非结构化数据。这些数据的来源广泛，可能来自社交媒体、传感器设备、金融交易、互联网活动等各个领域。

二、大数据的特征

"大数据"一词的含义已超越单纯的数据规模，更趋向于一种复杂的技术体系。从技术层面来看，大数据的核心特征可归结为"5V"模型，包括大量（Volume）、多样（Variety）、高速（Velocity）、真实性（Veracity）和价值（Value）。

（一）数据体量大

在当今时代，大数据的规模已达到前所未有的程度，从而引发了全球范围内对数据存储、处理与分析能力的深刻关注。以淘宝平台为例，其庞大的用户群体和海量商品数据，已经展示了大数据的巨大容量，且日常成交量亦突显了数据增长的速度。从数据存储的数量级来看，数据规模已实现从 MB 到 ZB 的跨越，形象地展示了数据量的爆炸式增长，体现了信息时代数据累积的规模性变化。数据增长的速度和数量级，从某种程度上来说，远超出传统数据处理技术的承载能力。这一增速表明，人类社会已全面进入"数据爆炸"时代。

随着信息技术的发展，特别是 Web2.0 与移动互联网的普及，使数据的产生途径和形式也日益多样化。当前，全球仅有 25% 的设备联网，但随着物联网的发展，预计未来将有更多的设备连接互联网，包括汽车、家电等。更为重要的是，物联网的扩展意味着在日常生活中，无时无刻不在产生大量的传感器数据和视频数据，这些数据的生成已远超人为控制范围，进一步加剧了数据爆炸的态势。

数据的增长并非偶然，而是伴随着技术进步和社会需求的变化而逐步形成的。从历史角度来看，若将印刷术的发明视为第一次"数据爆炸"，那么当前的数字化浪潮可以看作第二次"数据爆炸"。两者在影响力和规模上存在显著差异，后者在数量和速度上均表现出超常态的增长。

根据全球知名咨询机构国际数据集团（International Data Corporation，IDC）的预测，全球数据的生成量每年以 50% 的速度递增，这意味着每两年全球数据量即实现翻番，这一趋势被称为"大数据摩尔定律"，该定律不仅反映了数据增长的速度，还揭示了数据扩展给各行各业带来的巨大挑战和机遇。预计到 2030 年，全球的数据存储量将达到 2500ZB，这一预测进一步加深了人们对数据管理和分析能力的重视 [①]。

（二）数据类型多

1. 结构化数据

结构化数据是指遵循特定格式与长度规范的数据集合，通常以二维表格形式进行逻辑表达与存储。此类数据的主要特征在于其高度规范化的格式，使其便于存储、管理与处理，尤其是在关系数据库管理系统（Relational Database Management System，RDBMS）中。结构化数据的核心优势在于其格式的固定性与模式化，通过固有的键值即可高效地提取和处理相应信息。数据的模式化特征决定了结构化数据在技术应用中的广泛使用，几乎所有的传统信息系统都依赖于这种类型的数据进行运作。此外，结构化数据标记作为优化搜索引擎展示效果的方式，也逐渐得到广泛应用。

① 刘春燕，司晓梅. 大数据导论 [M]. 武汉：华中科技大学出版社，2022：13-14.

2. 半结构化数据

半结构化数据相较于纯文本数据，尽管具有一定的结构性，但其灵活性远超过严格遵循模型的关系型数据库数据。半结构化数据并不依赖于固定模式，而是依托于一种更加自由和动态的组织形式，使其成为一种理想的数据库集成模型，尤其适用于描述那些包含在多个具有不同模式的数据库中的相似数据。半结构化数据的核心特征在于其自描述性，即数据本身携带关于其结构和模式的信息，并且该模式可以随时间或需求的变化而调整。尽管在查询处理上可能增加一定复杂性，但这种灵活性使半结构化数据能够适应多变的应用需求。

与结构化数据相比，半结构化数据的构成更加复杂且不确定，但正是这种不确定性赋予了其更高的灵活性。半结构化数据可以采用多种格式进行存储和交换，如轻量级的数据交换格式（Java Script Object Notation，JSON）格式，其中同一键值下的数据可以是数值、文本、字典或列表等不同类型，这使得数据存储和访问更加多样化。此类数据模式没有固定的限制，允许数据在系统中自由流动并随时更新，极大地简化了数据的描述和适应性。对于用户而言，在存储数据时无须严格遵循某一预定义的模式，只需根据需求灵活地构建适合的查询模式，从而提取所需信息即可。

半结构化数据的这种灵活性，意味着在应用中不必强求所有数据遵循一致的格式或包含相同的字段。例如，在管理一个电影数据库时，可以根据用户的需求自由地为电影条目添加新的属性，如"是否喜欢此电影"，这些新属性无须在所有条目中都出现，也不需要所有数据都具备相同的类型或格式。这种灵活性使半结构化数据非常适合处理复杂多变的数据集合，能够在不受传统结构化数据模式限制的情况下，更加高效地适应新的需求。

虽然这种灵活性为查询和管理带来了一定挑战，但它所提供的高度自由和自适应能力，使半结构化数据成为描述和存储复杂信息的理想选择。由于用户能够根据具体的需求动态调整数据存储和查询方式，从而最大化数据的利用价值。因此，半结构化数据不再受限于传统的静态模式，而是能够根据实际使用场景和需求，随时进行结构调整和优化，为数据的多维度利用提供了更大的可能性。

3. 非结构化数据

非结构化数据是与结构化数据相对的概念，指无法用传统的二维表格结构存储与管理的各类信息，包含办公文档、XML/HTML 文件、报表、图片、音频及视频等多媒体内容。非结构化数据的存储与管理通常依赖于支持多值字段和变长字段机制的数据库系统，这类系统能够有效应对数据项的多样性和不确定性，被广泛应用于全文检索和多媒体信息处理等领域。

与结构化数据不同，非结构化数据无法通过标准化的键值提取信息，其灵活性使其表达形式丰富且复杂。这类数据随着"互联网＋"战略的推进，将在未来占据越来越大的份额，预计将占据整体数据的 70% 至 80%。尽管结构化数据分析技术已相对成熟，但非结构化数据由于其缺乏固定的结构形式，且包含潜在的丰富信息，因此处理起来面临较大的挑战。

非结构化数据处理所面临的主要挑战在于，其语言表达的灵活性和多样性，这对分析和处理技术提出了更高要求，复杂性更强。非结构化数据处理技术涵盖了多个领域，包括 Web 页面信息内容提取、结构化处理、语义处理、文本建模及隐私保护等。具体而言，Web 页面信息内容提取技术旨在从海量的 Web 页面中自动提取有价值的信息。结构化处理则涵盖了文本的词汇切分、词性分析和歧义处理等环节，旨在将原本无序的文本转化为可以由机器处理的结构化信息。语义处理技术包括实体提取、词汇相关度计算、句子和篇章的相关度分析以及句法分析等，旨在深入理解文本内容的含义。文本建模技术如向量空间模型和主题模型，主要用于从大规模文本数据中提取潜在的主题和语义结构。隐私保护技术则涉及社交网络的连接型数据处理和位置轨迹数据的处理，旨在确保分析非结构化数据时，能够有效保护用户隐私。

随着这些技术的广泛应用，它们在情感分类、客户语音挖掘、法律文书分析等多个领域均展现出巨大的应用潜力。然而，在处理这类繁杂且异构的数据时也遇到了新的挑战，尤其是在数据集成和转换过程中，传统数据存储在关系型数据库中的局限性逐渐显现出来。在 Web2.0 等应用环境中，越来越多的数据被存储在非关系型数据库中，这要求在数据集成过程中进行复杂的数据转换，从而增加了数据管理的难度。

与传统的结构化数据不同，非结构化数据的处理不仅需要更高效的存储和检索技术，还需要更为先进的数据分析工具。传统的联机分析处理（On-Line Analysis Processing，OLAP）技术及商务智能工具主要适用于结构化数据，而在大数据时代，市场对能够支持非结构化数据分析的商业软件需求日益增加。这类软件的普及和发展，将为企业提供更为灵活的分析手段，并帮助其应对非结构化数据带来的复杂性和多样性问题。

（三）处理速度快

在大数据时代，数据的生成速度呈现出前所未有的加快趋势，尤其在Web2.0应用领域。以社交媒体平台为例，新浪微博、Facebook等平台在短短一分钟内便可生成成千上万条信息。这种高速数据生成不仅体现在社交互动领域，还广泛涉及在线零售、搜索引擎等多个领域，充分展现了信息量的爆炸式增长。在科学领域，诸如大型强子对撞机（Large Hadron Collider，LHC）等实验设备，每秒钟也能产生海量数据，这些数据需要通过高性能计算资源进行快速分析。这些现象表明，在大数据时代，数据处理不仅面临关于数据量的巨大挑战，还涉及数据生成的实时性与分析的即时反馈。与传统的数据挖掘技术相比，大数据时代的应用更为注重实时性。传统的数据挖掘技术通常不要求快速响应，处理周期可能较长，但在大数据环境下，分析结果的时效性变得至关重要。许多大数据应用依赖于秒级响应的分析结果，以便在瞬息万变的环境中做出及时的决策。因此，快速生成数据，并在极短时间内给出分析结论是大数据技术的一项基本要求。

为了满足这种需求，当前的大数据分析技术普遍采用集群处理和专门设计的技术架构。例如，谷歌的Dremel系统采用了可扩展的、多级树状执行过程和列式数据结构，能够在数秒内对海量数据进行实时查询。这种系统能够支持PB级数据的实时分析，确保分析结果能够在几秒钟内输出，满足了大规模数据环境下对响应速度的高要求。

（四）数据真实

真实性指的是数据的可靠性、准确性和一致性，它直接关系到数据的可用性及其在实际应用中的价值。然而，由于数据来源复杂、获取方式多样，大数据往往存在质量参差不齐的问题，可能包含噪声数据、冗余信息，甚至错误数据。为了解决这一问题，业界普遍采用一系列的数据处理技术，以确保数据的真实性和可靠性。其中，数据清洗能够去除错误和不完整的数据；数据去重用于识别并删除重复数据，以提高数据存储与计算的效率；数据完整性校验能够确保数据的一致性和准确性。此外，随着人工智能和机器学习技术的发展，异常检测算法被广泛应用于识别数据中的异常模式，从而进一步提高数据的可信度。

确保数据的真实性不仅是数据管理的核心任务，也关乎大数据技术能否真正发挥其价值。在未来，随着技术的不断进步，数据质量控制手段将更加智能化和自动化，为各行业提供更可靠的决策支持。

（五）价值密度低

在大数据时代，存储和处理 PB 级数据的成本非常高昂。尽管大数据的获取和使用看似较为便捷，但其数据价值密度通常远低于传统关系型数据库中已有数据的价值密度，这一特征使大数据的商业潜力和实际应用之间存在一定的差距。事实上，大数据中的很多信息价值往往较为分散，只有在特定条件或事件发生时，部分数据才能展现出其实际价值。因此，尽管大数据的总量庞大，但其单个数据点的价值密度较低，这使得数据本身的处理和利用成本在某些情况下显得不成比例。

大数据的商业价值主要体现在，如何从海量的低价值数据中挖掘出有用的信息。例如，在监控视频的数据处理中，通常只有当异常事件（如偷盗等）发生时，相关视频片段才具有实际的商业价值。然而，为了确保能够捕捉到这些关键片段，企业往往需要投入大量资金用于购买设备、建设存储系统和提供能源支持，从而储存和维护不断生成的视频数据。这个过程的高成本凸显了大数据的核心挑战之一，即高昂的存储、处理和实时分析费用。

第二节　大数据对社会的影响

一、大数据对科学研究的影响

人类自古以来在科学研究领域先后历经了实验、理论、计算和数据四种范式。

第一种范式，实验科学，其标志着科学研究的早期阶段。这一阶段实验成为解决科学问题的主要手段。实验科学通过实际操作验证假设，为科学理论提供了重要的实证支持。以伽利略在比萨斜塔上的实验为例，该实验推翻了亚里士多德关于物体下落速度与重量成正比的理论，彰显了实验在挑战传统观念、推动科学进步方面的关键作用。

第二种范式，理论科学，其拓展了人类对自然现象的认知方式。在实验条件受限的情况下，理论科学通过数学、几何、物理等工具构建模型，从而深入探究自然规律。以牛顿的三大定律为例，它们不仅为经典力学奠定了基础，也为科学界提供了一种系统化的理论框架，推动了现代科学的发展进程，并深刻地影响了社会生活与人们的思想观念。

第三种范式，计算科学，其标志着科技发展进入了以计算为核心的新纪元。随着计算机的发明问世，科学研究开始依赖计算机模拟和高效计算来解决复杂问题。计算科学利用计算机的高运算能力、精确性和可重复性，为科学研究提供了前所未有的强大工具。这一范式推动了科学的快速发展，尤其是在大数据分析、气候模拟、生命科学等领域的应用，深刻改变了人类认识世界的方识和利用技术的模式。

第四种范式，数据密集型科学，其代表了科学研究进入全新阶段。随着信息技术的进步，尤其是物联网和云计算的广泛应用，数据的生成速度和规模呈指数级增长，促使科学研究从单纯依赖实验和理论推导向数据驱动的模式转型。在这一范式下，数据本身成为研究的核心资产，而计算机的功能也不再局限于模拟和仿真，更扩展为数据分析和模式识别等领域。

大数据将成为科学工作者的宝贵财富，他们可以从数据中挖掘未知模式和有价值的信息，服务于人们的生产和生活，从而推动科技创新和社会进步。虽然第三种范式和第四种范式都是利用计算机进行计算，但二者存在本质区别。在第三种研究范式中，一般是先提出可能的理论假设，再搜集数据，最后通过计算来验证。而对于第四种研究范式，则是先有了大量已知的数据，然后通过计算得出之前未知的理论。

二、大数据对思维方式的影响

大数据时代最大的转变就是思维方式的三种转变，即全样而非抽样、效率而非精确、相关而非因果。

大数据时代采用全样而非抽样的策略。在传统的数据分析中，研究人员通常通过抽样来选取样本数据，并基于此推断全体数据的特征。然而，随着大数据技术的发展，研究人员如今可以直接对全体数据进行分析，无须再依赖样本。这一变化使数据分析更加全面且具有代表性，避免了因样本抽取而可能引发的偏差，并且能够更准确地捕捉到数据的细微变化和潜在模式。全样本分析不仅增强了结果的准确性，也使分析过程更具洞察力，尤其是在解决复杂问题时发挥了重要作用。

大数据时代的分析更加注重效率而非精确性。在过去，精确性是数据分析的核心追求，分析人员往往需要投入大量时间和资源来确保结果的高度精确。然而，在大数据环境下，随着处理能力的提升，分析者可以在短时间内处理海量数据，不再过度强调每一项数据的完美精度，使数据分析的目标转向了提高效率，即在较短的时间内获取有价值的信息，以便做出及时的决策和行动。

大数据分析更注重相关性而非因果关系。在传统分析中，因果关系通常被认为是关键的分析目标，而大数据技术的广泛应用使分析者能够轻松识别不同变量之间的相关性。虽然相关性可以揭示许多潜在的联系，但因果关系的确定却复杂得多。因此，在大数据分析中，关注相关性是首要任务，同时也必须保持谨慎，对是否存在真实的因果关系需要做进一步的深入探究。

三、大数据对社会发展的影响

第一，大数据决策是一种新的决策方式。在传统的决策过程中，决策者往往依赖有限的数据样本和自身经验进行推断，而且决策依据的范围通常较为狭窄。然而，随着大数据技术的广泛应用，决策者可以基于海量的数据集进行分析，并从中揭示隐藏的模式和趋势，这种数据驱动的决策方式具备更强的客观性和准确性。通过全面的数据分析，政府可以制定更加精准的政策，企业能够根据消费者行为特征调整战略方向，医疗行业则可通过对大数据的分析提高诊断与治疗的效率和准确性。

第二，大数据应用促进信息技术与各行业的深度融合。随着大数据技术的普及，各行业逐渐将其应用于生产经营的各个环节，以提升效率、降低成本，并优化产品和服务。例如，在农业领域，借助大数据分析，农民能够更精准地掌握作物的生长状态和环境变化，从而提高农作物的产量和质量；在金融领域，大数据有助于银行和投资机构更准确地评估风险、优化投资组合；在制造业，通过智能化设备和数据分析，企业可以实现生产线的自动化和设备故障的提前预测。信息技术与各行业的深度融合不仅推动了生产力的提升，为经济增长注入了新的动力，还创造了大量新的就业机会，为社会各方面发展提供了新的动能。

第三，大数据的开发推动新技术和新应用不断涌现。随着数据科学、人工智能、机器学习等领域的不断发展，诸多基于大数据的新技术和新应用相继涌现，并进一步促进了大数据的广泛应用。例如，自动驾驶技术依赖于实时传感器数据的采集与处理，以及机器学习算法的优化；医疗行业中的基因组学研究得益于大规模的基因数据分析；而智能城市的建设也离不开大数据的支撑，特别是在交通管理、环境保护和城市基础设施优化等领域。大数据不仅改变了传统技术的运作方式，还催生了全新的技术领域和应用场景，推动了社会的创新和进步。

四、大数据对就业市场的影响

随着大数据的迅猛发展，数据科学家逐渐成为市场上需求量最大的人才之一，并代表了未来的发展方向。这一趋势反映出大数据技术在各个行业中的广泛应用，尤其是在互联网、零售和金融等领域，促使企业对数据科学家的需求不断攀升。数据科学家的关键作用在于能够处理和分析大规模数据集，尤其是其中大量的非结构化数据。未来，随着数据量的持续增长，市场对具有大数据分析能力的专业人才的需求将呈现逐年上升的趋势。

五、大数据对人才培养的影响

当前，国内数据科学家的培养主要依托企业实际应用环境，通过边工作边学习的方式逐渐成长，尤其是在互联网领域，大部分数据科学家集中于此。因此，高校应当充分发挥科研和教学优势，秉承"培养人才、服务社会"的理念，致力于培养具备扎实数据分析能力的专业人才，以缓解数据科学家市场供需不平衡的问题，从而推动社会经济的发展。目前，国内许多高校已开始设立大数据专业或开设相关课程，以加速大数据人才培养体系的建立，但基于现状仍需持续推进这一进程。

高校在培养数据科学家时，需要采取"引进来"和"走出去"两种策略。"引进来"指的是高校与企业加强合作，从企业中引进真实的数据和案例，为学生构建接近实际业务需求的大数据实战平台。这不仅能让学生更好地理解企业需求及数据形式，还能通过聘请具有丰富实践经验的企业专家，提升课程的实用性与教学质量。同时，借助企业的实际问题与应用场景，能够进一步深化学生对大数据分析的认识和能力培养。"走出去"则是鼓励和引导学生走出校园，进入具有大数据应用环境的企业进行实践活动。此外，高校应加强"产学研"合作，为教师创造参与企业大数据项目的机会，以实现理论知识与实际应用的深度融合，从而提升教师的实战教学能力，进而为培养高水平数据科学家奠定基础。

在课程体系设计方面，高校应突破传统学科界限，设置跨学科、跨院系的"组合课程"体系。这些课程应由计算机科学、数学、统计学等不同领域的教师联合授课，以形成多方合作的教学模式。通过跨学科的课程设计，学生可以全面掌握数学、统计学、数据分析、商业分析和自然语言处理等领域的专业知识。此外，学生还应具备独立获取知识的能力，以及较强的实践能力和创新意识，以应对不断变化的技术需求和复杂的数据问题。

第三节　大数据的来源与产生方式

一、大数据的来源

大数据的来源十分广泛，主要涵盖信息管理系统、网络信息系统、物联网系统和科学实验系统等多个领域。每一种数据来源都代表着不同的数据产生方式和特征，其数据结构、处理方式及应用场景也各不相同。

信息管理系统，主要指企业内部使用的各种信息化系统，如办公自动化系统、业务管理系统等。这些系统可以通过用户输入和系统的二次加工来生成数据，产生的数据大多为结构化数据，通常存储在数据库中，且一般为关系型数据。这些数据结构固定、格式清晰，便于进行高效的管理和处理。信息管理系统中的数据多以业务操作为基础，记录了大量的日常运营信息。虽然数据量巨大，但数据结构相对简单，分析时可利用成熟的数据库技术进行高效处理。

随着互联网技术的发展，网络信息系统已经成为不可忽视的数据生成源。常见的网络信息系统包括电子商务平台、社交网络、社交媒体以及搜索引擎等。与传统的信息管理系统相比，网络信息系统产生的数据多为半结构化或非结构化数据，其表现形式更加多样化和复杂化。由于数据的格式和内容往往不固定，因此处理难度较大。例如，社交媒体平台产生的大量用户互动数据，如文字、图片、视频等，都属于非结构化数据，其存储和分析均需要采用更加灵活和复杂的技术手段。尽管这些数据的价值密度相对较低，但它们蕴藏着巨大的潜力，可以揭示用户行为、市场趋势等重要信息。因此，网络信息系统的数据具有较高的商业价值，而且随着网络的不断发展，这一来源的数据量将不断增大。

物联网系统作为新一代信息技术的代表，其核心依旧基于互联网技术，但它将信息交换和通信的对象扩展到了物品与物品之间。物联网通过传感技术来获取各种外部环境的数据，如物理、化学、生物等信息。这些数据来源广泛，不仅涵盖了温度、湿度、压力等基础物理量监测数据，也包括通过传感器采集到的生物医学数据。由于物联网系统需要处理海量且分布广泛的实时数据，因此，其产生的数据通常为半结构化或非结构化数据。同时，物联网数据具有较强的实时性和动态性，能够支持各种智能决策和自动化控制系统的运行。随着物联网技术的不断进步，数据量也在持续激增，如何高效管理和分析这些海量数据，已成为当前面临的重要挑战。

科学实验系统作为科研领域的重要数据来源，主要通过真实实验或仿真模拟获得数据。科研活动产生的数据种类繁多，包括实验观测数据、仿真数据、模型输出数据等。这些数据通常具备较强的专业性和复杂性，涵盖了物理、化学、生物等多个学科领域。科学实验系统产生的数据大多呈现高度结构化或半结构化特征，由于数据记录了实验的不同参数和变量，因此对于数据的准确性和质量要求非常高。随着科学技术的发展，尤其是高性能计算和仿真技术的应用，科学实验系统产生的数据量也在逐年增加，如何高效存储、管理和分析这些实验数据，成为科研人员需要解决的核心问题之一。

二、大数据的产生方式

大数据的产生方式可以从三个主要维度进行划分：被动式生成数据、主动式生成数据和感知式生成数据。这三种数据生成方式，体现了技术发展对数据产生速度和形式的深刻影响。

（一）被动式生成数据

被动式生成数据是指在业务系统运行过程中，数据随着系统的运作自然而然地生成。这种数据生成方式的主要特点是其被动性，即数据的生成并不是出于主动收集或采集的目的，而是伴随业务流程自动生成。随着数据库技术的不断发展，数据的存储与管理变得更加便捷，促使许多传统的业务系统（如财务、库存管理等）都依赖于被动式生成数据。在这一过程中，数据通常由企业内部的各种管理系统自动记录和存储，主要表现为结构化数据，以便于后续的查询和分析。

（二）主动式生成数据

随着移动互联网和物联网技术的迅猛发展，数据的产生速度得到了前所未有的提升。在这种模式下，用户不仅是数据的接受者，更成为数据的主动生产者。通过手机、智能手表等移动终端，用户可以实时产生包括个人信息、行为轨迹和社交互动等内容。此外，随着社交网络的普及，用户与社交圈的互动也成为数据生成的主要驱动力。此类数据具有极强的传播性，随着分享、评论等社交行为的进行，能使数据在网络中迅速传播、扩展，从而形成庞大的数据网络。

（三）感知式生成数据

感知式生成数据的核心在于物联网技术的应用，尤其是各类传感器设备和自动化数据采集系统的普及。通过在城市基础设施、智能设备以及各种传感器上安装应用程序，使数据生成不再依赖人为输入，而是通过自动化设备，实时采集周围环境或对象状态的信息。这些设备，如摄像头、温度传感器、智能家居设备等，可以源源不断地生成大量数据，且涵盖了从环境监测到设备运行状态等多种类型的数据。这类数据生成方式具有高度的自动化和实时性特征，且数据的采集不依于用户行为，而是依赖于设备和系统的感知能力，因此其数据生成的过程极为被动，但却是数据生产的重要来源。

第四节　大数据在不同领域中的应用

一、大数据在金融领域的应用

随着大数据、人工智能等新兴技术的迅速发展，金融行业涌现出与传统金融深度融合的新金融模式，这种融合在一定程度上激发了金融创新的活力。大数据技术的广泛应用，为我国金融行业的转型升级提供了有力支撑，促进了金融服务实体经济能力的提升，并保障了金融市场的稳定发展，特别是"金融云"的建设，为大数据在金融行业的应用奠定了坚实基础。随着金融交易数据与跨行业、跨领域数据融合的不断加深，使金融行业内部与外部数据的融合、共享和开放逐渐成为商务数据分析的新趋势。在大数据时代背景下，商务数据分析在信用评估、风险管理、客户画像及精准营销等方面的成功应用，为金融行业开辟了新的发展路径。

二、大数据在制造领域的应用

随着大数据及其相关技术的持续发展，企业运营模式和管理规则发生了深刻变革，尤其是在制造行业，企业边界逐渐变得模糊。大数据已成为智能制造的核心支撑，在制造业大规模定制中的应用广泛且深入，涵盖了数据采集、管理、订单处理、智能化生产及定制平台建设等多个方面。通过大数据技术，制造业企业能够显著提升营销精准度，降低物流及库存成本，减少生产资源投入的风险。此外，大数据分析在提升仓储、配送、销售效率和降低成本方面也发挥着重要作用，尤其是通过优化供应链管理，能够显著缓解库存压力。更为重要的是，利用销售数据、传感器数据以及供应商数据库的数据，制造业企业能够精确预测全球不同市场的需求波动，并对库存、销售价格等进行实时监控，从而有效地减少运营成本。

三、大数据在商务领域的应用

在大数据时代，电子商务的经营模式发生了显著转变，从传统的管理导向型运营模式转向以信息为核心的数字化运营模式。电子商务企业通过收集、处理与分析企业和消费者在消费过程中生成的大量数据，并利用大数据分析技术，深入挖掘潜在的商业价值，实现精准营销。过去被认为无关紧要的庞大数据，现在借助先进的技术手段能够转化为具有重要价值的信息资源。这一过程不仅提升了运营效率，也增强了企业的市场竞争力。电子商务企业通过开发数据分析业务、提供数据可视化服务以及推动数据资源共享等方式，拓展了经营渠道，从而为企业创造了更多的利润和效益。

四、大数据在能源领域的应用

能源大数据概念融合了电力、石油、天然气等能源领域各类数据的综合采集、处理、分析及应用，其不仅体现了大数据技术在能源领域的深度应用，也标志着能源生产、消费与相关技术革命及大数据理念的深度融合。因此，能源大数据将加速推动能源产业的发展与商业模式创新。

随着能源行业科技化与信息化水平的不断提高，以及各类监测设备和智能传感器的普及，海量能源数据信息得以有效地收集和存储。这为构建实时高效的综合能源管理系统提供了关键支持，使能源大数据能够在其中发挥重要作用。此外，能源行业基础设施的建设和运营，涉及海量的工程数据与多个环节的信息，而大数据技术可以高效地对这些信息进行分析，从而提升能源设施的利用效率，减少经济和环境成本。

通过实时监控能源动态并结合大数据预测模型，能够有效识别并解决能源消费中的不合理问题，推动传统能源管理模式的转型与优化。合理配置能源，提升能源的预测与管理能力，不仅能够促进能源行业的可持续发展，也能够为社会创造更多价值。

五、大数据在医疗领域的应用

健康医疗大数据是数字化时代背景下应运而生的新兴概念，特指那些无法在传统软件工具下及时捕捉、管理和处理的庞大健康数据集。为了有效地利用这些数据，需要采用新型的处理模式，以提高决策支持、洞察力和流程优化能力。通过对医疗大数据的深度分析，能够揭示许多具有重要价值的医疗信息，诸如流行病暴发趋势预测等，进而为患者提供更加精准和便捷的医疗服务。医疗大数据不仅在临床辅助决策、疾病预测模型和个性化治疗等领域具有巨大的潜力，还在提升医疗服务质量和效率方面发挥关键作用。尽管医疗大数据拥有科研和产业双重价值，但其广泛应用的前提是建立完善的数据隐私保护机制和信息安全体系。

六、大数据在政府管理领域的应用

随着互联网的发展，组织间的联系愈发紧密，国家与社会之间的相互依赖性也日益增强，这一趋势促使传统政务向电子政务转型，旨在提高政府的工作效率，并确保有限的政务资源能够实现最大化的管理效益。电子政务作为信息化基础设施的重要组成部分，意味着一个政府的信息化程度越高，其电子政务发展水平也将随之提升。电子政务转型的直接成果之一便是公共服务效率的显著提高，使政府服务更加优质和高效。

大数据在电子政务中的应用进一步推动了政府服务的现代化。通过科学的数据分析，大数据有助于优化政府与民众之间的互动机制，提升公共服务的响应速度和精准度。此外，大数据还能简化公共服务流程，去除冗余环节，从而提高服务的质量和效率。

第二章　数据挖掘及主要工具

数据挖掘是指从大量数据中提取有效信息和模式的过程，其已广泛应用于商业、科研等领域，主要工具包括机器学习算法、聚类分析、关联规则挖掘、决策树等，它们能帮助人们揭示数据间的潜在关系和规律，从而提升决策质量和预测能力。本章主要论述数据挖掘的概念与功能、数据挖掘的主要类别、数据挖掘的步骤与工具。

第一节　数据挖掘的概念与功能

一、数据挖掘的概念

数据挖掘作为一种重要的数据分析技术，已成为现代信息社会不可或缺的工具，其核心目标是通过对海量数据进行系统性探索，发掘其中蕴含的有价值模式、关系与规律，并将其转化为决策支持的依据。数据挖掘不仅是一种数据分析方法，它还涉及数据的多维度处理与深度分析，能够在各个领域内提供极具参考价值的信息。随着信息技术的飞速发展，数据挖掘的应用领域不断扩展，其技术手段也日益丰富，已广泛覆盖了商业、医学、金融、社交网络等多个领域。

数据挖掘本质上是一个基于数据分析的知识发现过程。它涉及对海量数据进行清洗、转换、建模和评估等多个步骤，每个阶段都对最终的结果和价值发挥着重要作用。在数据准备阶段，数据的质量和结构直接影响数据挖掘的效果。数据的清洗、整合与转换不仅是对数据表面属性的整理，还为后续的深层次分析提供了可靠的基础。数据清洗通过剔除无效或异常数据，能够确保后续分析的精确性；数据整合是对不同来源的数据进行合并，从而形成完整的分析对象；而数据转换则是通过规范化处理，使数据能够以适合分析的形式呈现，为挖掘过程打下基础。

数据挖掘不仅是一种分析工具，更是推动各行业发展的技术驱动力。其深远的意义不仅体现在提升决策质量与工作效率上，还为人类社会提供前所未有的深层次洞察与智能支持。随着数据量的激增，传统的分析方法和决策模型已经无法满足现代社会对数据利用的需求，因此，数据挖掘成为应对信息爆炸的关键技术。通过数据挖掘，企业能够精准洞察市场动向，提升竞争力；科研人员得以发现新的科学规律，推动技术革新；医疗领域则能够利用患者数据改善诊疗的精准度，推动个性化医疗的实现。

二、数据挖掘的功能

（一）分类

分类是数据挖掘中的基础功能，旨在将数据集中的对象按其特征或属性进行划分，并将相似特征的对象归为同一类。通过对数据进行分类，能够帮助分析者在众多数据中识别出具有相同或相似特征的群体，并依据这些特征对对象进行标记或预测。分类不仅有助于实现数据结构化，还能为后续的分析提供更加精确的对象分组，从而为决策者提供明确的操作方向。分类的过程通常依赖于机器学习算法，如决策树、支持向量机等，这些算法能够自动学习并归纳出分类规则，从而提高了数据处理的效率和准确性。

（二）推算估计

推算估计主要通过已有数据，推算未知数据的值或属性。这一功能通常涉及对数据间的关系建模，以便基于已知变量估计目标变量的未来取值。推算估计不仅能够帮助分析者补全数据的空缺部分，还能在一定程度上预测数据的未来发展趋势。通过推算估计，数据挖掘能够为决策者提供一种预测未来变化的手段，使其能够根据历史数据做出更为精准的判断和决策。

（三）预测功能

预测功能的目的是通过对历史数据的深度分析和建模，预测未来的趋势或特定事件的发生概率。预测不仅依赖于现有数据，还综合考量时间序列、趋势、模式等因素，以此推测数据在未来的演变。预测功能被广泛应用于多个领域，如市场趋势预测、消费者行为分析等，通过对预测结果的应用，预测模型能够在未来的变化中占据有利位置。预测模型通常结合回归分析、神经网络等方法进行构建，以确保预测的准确性和实用性。

（四）关联分析

关联分析通过分析不同数据项之间的相互关系，从而揭示数据对象之间潜在的联系和依赖模式。通过关联分析，数据挖掘能够发现数据集内各项变量之间的规律性关系，从而为决策者提供有价值的信息。例如，运用关联分析可以发现哪些商品经常被消费者一起购买，从而帮助商家制定促销策略和商品陈列方案。关联分析不仅能够揭示已知关系，还能发现潜在的、以前未被察觉的联系，在实际应用中具有极高的价值。

（五）聚类分析

聚类分析主要通过对数据集进行分组，将具有相似属性的数据对象归为一类。这一功能特别适用于处理具有复杂结构的数据集，聚类分析能够从杂乱无章的数据中识别出具有相同特征的群体，进而为数据分析提供更为清晰直观的视角。聚类分析不同于分类，它是一种无监督学习方法，能够在没有预设标签的情况下，依据数据的自然分布进行分类，这使得聚类分析在探索性数据分析中具有重要作用，特别是在面对大量未标记数据时，其能够通过数据自身的结构性特征，自动识别出数据中潜在的模式。

第二节 数据挖掘的主要类别

一、文本挖掘

（一）文本挖掘的概念

文本挖掘涉及数据挖掘、自然语言处理、人工智能、模式识别等多个技术和理论体系。其核心目的是从大规模的文本数据中提取有意义的知识或信息，进而推动对自然语言的深入理解。文本挖掘不仅仅局限于从非结构化文本中提取关键词、主题等表面信息，更进一步揭示了文本中的深层模式与结构关系，以支持复杂的分析与决策。

文本挖掘的基础在于对文本数据的有效处理与转化。文本数据通常具有高度的噪声、模糊性与歧义性等特点，直接对其进行处理会面临极大的挑战。因此，文本挖掘先通过信息抽取和清洗技术，将原始文本转化为机器可读的格式，同时去除不必要的噪声，从而为后续的分析提供干净的数据源。随后，

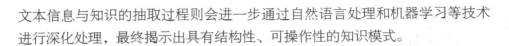

文本信息与知识的抽取过程则会进一步通过自然语言处理和机器学习等技术进行深化处理，最终揭示出具有结构性、可操作性的知识模式。

（二）文本挖掘的内容

文本挖掘的内容包括文本分类、文本聚类、文本结构分析和 Web 文本数据挖掘四部分内容。

1. 文本分类

文本分类旨在依据预设的主题类别，对集合文档中的每一篇文档进行有效的分类。这一过程对于信息检索、舆情分析、情感分析等多个应用场景具有重要意义。文本分类的核心任务是通过一定的算法模型，挖掘文本中的潜在信息结构，从而实现对文本内容的自动识别与标注。

在现有的文本分类方法中，主要包括传统的基于概率统计的朴素贝叶斯分类方法、基于向量空间模型的分类方法以及基于优化理论的线性最小二乘法等。朴素贝叶斯分类方法计算每个类别在训练样本中的条件概率，依赖于特征之间的独立假设，具有较强的计算效率和理论基础；向量空间模型分类方法将文本转换为高维空间中的向量表示，运用向量之间的相似度进行分类，具备较强的表达能力和扩展性；而线性最小二乘法则通过构建优化目标函数，寻求最优解，从而提升分类精度。

2. 文本聚类

文本聚类的核心目标是，通过自动化算法将一组文本数据划分为若干个簇，使同一簇内的文本具有较高的相似度，而不同簇之间的文本则呈现出较大的差异性。由于文本聚类不需要人工标注数据，因此具有更高的灵活性和应用潜力，特别适用于类别信息缺乏或难以获取的场景。

在文本聚类的过程中，首先需要对文本进行特征提取，并将其转化为数学可处理的形式，常见的表示方法包括基于词频的表示方法和基于语义的向量表示。接着，算法通过度量文档之间的相似度，采用不同的聚类算法将文本进行分组。由于文本的高难度和复杂性，如何有效地度量文本间的相似度并选择合适的聚类方法，成为提高聚类效果的关键因素。

与文本分类相比，文本聚类能够揭示数据中潜在的结构性信息，具有较强的探索性和灵活性。然而，由于缺乏标签指导，聚类结果的评价与验证较为困难，因此，如何建立有效的评估体系并优化聚类性能，是该领域面临的挑战之一。

3. 文本结构分析

文本结构分析的核心目标在于揭示文本的内在组织方式和逻辑框架。通过对文本的结构进行系统化分析，可以明确文本的主题思想，理清文本所表达的核心内容以及采用的表达方式，从而为理解更深刻的文本和高效抽取信息提供理论支持。在这一过程中，分析者不仅需要识别文本的主要信息单元，还需厘清各信息单元之间的内在关系和层次结构。

文本结构分析的最终目的是构建一个清晰的逻辑结构图，通常呈现为一棵结构树。在这棵树中，根结点代表文本的核心主题或主旨，而每一层级及其子节点对应着文本中的各个层次和段落。通过这种方式，文本的内容能够得以层层展开，从而使各个部分之间的关系和信息流动被清晰地呈现出来。文本结构分析不仅关注文本的表层内容，还重视其潜在的逻辑联系和表达形式，旨在帮助分析者更好地理解文本背后的深层含义及其结构性特征。

4.Web 文本数据挖掘

随着 Web 技术的不断发展，信息量呈现出前所未有的增长趋势，随之而来的"信息爆炸"问题也日益突出。尽管 Web 为全球用户提供了极为丰富的信息资源，但在大量的非结构化和异质化数据中，如何从中提取出有价值的知识与信息，已成为当今数据挖掘领域的核心挑战之一。在这一背景下，Web 文本数据挖掘应运而生，它旨在通过对 Web 数据的深度分析与处理，从海量的信息中发现潜在的规律、趋势和价值。

Web 文本数据挖掘不仅关注数据的收集与存储，还强调运用先进的算法和技术手段，从非结构化的文本数据中提取出结构化的信息，这一过程涉及文本的预处理、特征选择、模式识别、情感分析等多个环节。通过对 Web 文本数据的深入分析，研究者能够有效识别文本内容中的潜在主题、趋势变化以及用户行为的相关性，从而为决策支持、市场预测、舆情分析等应用场景提供有力的依据。

二、图像识别与分析

图像识别与分析旨在通过计算机模拟人类的视觉感知过程，以实现对图像内容的自动识别与理解。这一技术的迅猛发展，推动了计算机视觉、机器学习和深度学习等相关领域的研究进步，尤其在数据处理和智能分析方面展现出巨大的潜力。图像识别的关键在于如何有效地提取图像中的关键信息，并将其转化为计算机能够理解的格式，从而实现准确的目标识别、分类和推断。

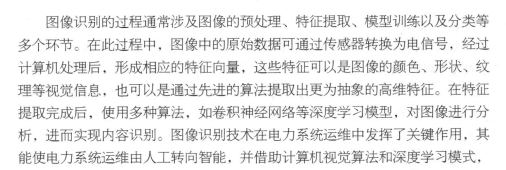

图像识别的过程通常涉及图像的预处理、特征提取、模型训练以及分类等多个环节。在此过程中，图像中的原始数据可通过传感器转换为电信号，经过计算机处理后，形成相应的特征向量，这些特征可以是图像的颜色、形状、纹理等视觉信息，也可以是通过先进的算法提取出更为抽象的高维特征。在特征提取完成后，使用多种算法，如卷积神经网络等深度学习模型，对图像进行分析，进而实现内容识别。图像识别技术在电力系统运维中发挥了关键作用，其能使电力系统运维由人工转向智能，并借助计算机视觉算法和深度学习模式，实现对电力系统设备和线路的自动化检测、故障诊断与远程控制①。

（一）图像识别的阶段

1. 初级阶段

图像识别技术的初级阶段，主要集中在对静态图像的分析和简单的目标识别上。这一阶段的技术应用较为基础，但在多种领域中，尤其是在信息获取和交互方式的创新上，图像识别技术的初级阶段发挥了至关重要的作用。该阶段的图像识别主要是通过机器视觉系统分析图像中的基本要素，如颜色、形状、纹理和位置关系，以此识别图像中的物体或文字。在这一过程中，计算机的识别能力通常局限于对标准化或结构化图像内容的处理，较少涉及复杂的图像分析任务或多维度数据的交叉验证。

图像识别系统能够运用算法提取出图像中的视觉特征，并通过与数据库中的已知图像模板进行匹配，快速识别图像内容。这一技术在视觉输入相对简单的场景中，尤其是在固定环境或标准化操作下，均表现出较高的准确性和实用性。例如，二维码扫描就是一个典型的图像识别应用，它通过识别图案中的黑白色块，能够准确解析出其中存储的信息。

图像识别的初级阶段也包括光学字符识别（Optical Character Recognition，OCR）技术的基础应用。在这一过程中，图像识别系统可以从纸质文档或数字化图像中提取文字内容，并转化为可编辑的文本格式。OCR 技术的核心在于图像预处理、特征提取、模式识别和后续的字符转换，这一技术的基础应用被广泛应用于文档管理、图书馆的数字化资源建设，以及票据和账单的自动化处理等场景。

虽然图像识别技术的初级阶段功能相对简单，但它极大地促进了信息获

---

① 梅晓．图像识别技术在电力系统运维中的应用分析 [J]．工程技术研究，2024，9（24）：218-220.

取和处理方式的创新。在这一阶段，用户可以通过摄像头或扫描设备，将外部世界的静态图像转化为机器可理解的数字数据，从而实现图像信息与计算机系统之间的交互。这种交互不仅极大地提高了信息获取的效率，也为后续更为复杂的图像处理和深度学习技术的应用奠定了基础。

2. 高级阶段

在图像识别技术进入高级阶段后，其逐渐向更加复杂和智能化的方向发展。这一阶段的核心特征在于机器视觉的显著提升，图像识别技术的高级阶段不仅能够提取图像的基本特征，还能通过深度学习与人工智能融合，进行更为深刻的语义理解和多维度分析。这种技术演进使图像识别不再局限于简单的物体识别，而是迈向了更为智能的视觉感知系统，甚至在某些方面能够模拟并超越人类的视觉处理能力。

在高级阶段，图像识别技术的应用范围逐渐拓展至更高层次的任务领域，如复杂场景的解析、情境分析和行为预测。通过运用深度卷积神经网络等先进算法，系统能够从大规模数据中提取更加抽象和复杂的特征，不仅能识别图像中的物体，还能够理解其在特定情境下的含义。这意味着，图像识别不再局限于对静态目标的检测，而是能够应对动态变化的场景，预测物体的行为，并为复杂的决策提供支持。

高级阶段的图像识别技术，尤其是在与其他人工智能技术结合后，表现出更高的自主性和智能性。例如，结合自然语言处理和机器学习的图像识别系统，高级阶段的图像识别技术能够在识别图像内容的同时，理解图像中传递的情感和意图，从而实现更加精准的交互。这种跨领域的集成，使图像识别不再是一个孤立的技术模块，而是成为智能系统的一部分，推动了人机交互方式的根本转变。

随着大数据技术和云计算的成熟，图像识别技术进入了一个数据驱动的时代。通过实时分析和云端计算，系统可以处理来自全球范围的大量图像数据，并实现跨地域、跨时间的数据共享与协同分析。这种能力使图像识别技术不再只是分析单一图像或视频片段，而是能够对复杂的、实时变化的场景进行全面的监控和分析。例如，在公共安全、交通管理等领域，系统能够持续不断地接收来自不同摄像头的视频流，并对其进行实时处理和分析，从中提取关键的信息，自动识别潜在的异常情况，从而及时做出反应。图像识别技术的广泛应用，大大提升了决策效率和准确性，并推动了社会管理方式的智能化转型。

图像识别技术在高级阶段的提升，还体现在其适应性和自学习能力上。随着机器学习算法的不断优化，图像识别系统能够在不同的应用场景中进行自我调整和优化，从而提高其在复杂和不确定环境中的适应能力。系统不再依赖于固定的规则和模型，而是通过持续学习和训练，不断地优化其识别精度和处理能力。这种自适应能力使得图像识别能够应对更为多变的任务和挑战，从而满足用户更加多样化的需求。

（二）图像识别的过程

1. 图像采样

图像采样的过程是将连续的光学图像转化为离散的数字数据，这一过程通常通过对图像进行空间取样，以获得图像的像素点及其对应的亮度或色彩信息。采用合适的采样方法，能够确保图像中的关键信息被有效捕获，避免由于采样过于稀疏或过于密集而导致信息丢失或冗余。图像采样不仅影响图像的分辨率，还决定了图像质量的高低，因此采样率的选择需要根据实际应用的需求进行调整，以平衡数据量与图像质量之间的关系。

2. 图像增强

图像增强旨在改善图像质量，提升图像中关键信息的可视化效果。由于在图像采集、传输、存储等过程中，图像不可避免地会面对噪声干扰、模糊、低对比度等质量退化问题，因此，对图像进行增强处理能够有效解决这些问题，从而提高图像的视觉效果。图像增强方法通过调整图像的亮度、对比度、色彩分布等参数，能够使图像的细节更加清晰、边界更加分明，进而突显图像中重要区域的特征信息。图像增强的目的是通过优化图像的视觉效果，使图像在后续的分析与识别过程中，更加易于处理和解读。

3. 图像复原

在图像采集过程中，受多种因素的影响，如环境噪声、光照变化、运动模糊等，通常会导致图像质量下降，出现模糊或失真现象。图像复原的目标是通过有效的处理方法恢复图像的原始结构，最大限度地还原图像的清晰信息。图像复原技术通常依赖于滤波算法，通过对退化图像进行反向处理，去除噪声或校正模糊效应，从而恢复图像的细节和清晰度。除此之外，图像重建作为图像复原的一种特殊形式，可采用不同的算法和模型，通过对一系列投影数据的处理，重建出物体的图像。图像复原不仅能够改善图像的视觉效果，还能够为后续的图像分析、识别和理解提供更加精确的图像数据。在图像恢复过程中，算法的选择和优化至关重要，因为这直接影响到图像恢复的质量和处理效率。

4. 图像编码与压缩

图像编码与压缩旨在通过有效的算法，去除图像数据的冗余信息，从而减少数据量，优化图像存储和传输效率。由于数字图像高数据量和复杂的结构，常常占用大量的存储空间，给图像的存储、传输和处理带来了较大压力。图像编码通过将图像信息转化为适合压缩和传输的形式，能够有效地缩小图像文件的尺寸。压缩技术通过对图像内容的分析，可去除其中的冗余信息，降低图像的存储需求，同时尽可能的保持图像质量，确保数据的有效性和完整性。图像压缩不仅限于静态图像，其在视频编码中的应用同样至关重要。由于视频是由多个连续的图像帧组成，压缩算法可以借鉴静态图像压缩方法，优化视频帧之间的相关性，从而实现更高效的视频压缩。

5. 图像分割

图像分割的目标是将图像划分为多个具有特定属性的区域，使每个子区域内部的像素具有一定的相似性，而不同区域之间的像素差异较大。这一过程通常依据图像的颜色、纹理、灰度、形状等特征进行区域的划分，旨在提取出图像中的重要信息，为后续的图像分析和理解奠定基础。图像分割的关键在于通过准确的算法，将目标区域从背景中分离出来，以便后续的图像处理能够在明确的区域基础上进行。当前，图像分割方法主要分为基于区域特征、基于相关匹配和基于边界特征的三类方法，这些方法各具特点，适用于不同的应用场景。然而，由于实际图像采集过程中的噪声、模糊及其他环境因素的影响，图像分割仍面临诸多挑战。因此，在具体应用中，选择合适的分割策略至关重要，既要考虑图像本身的特性，又要根据具体需求优化分割结果。

三、空间数据挖掘

（一）空间数据挖掘的特性

空间数据挖掘作为数据挖掘领域的重要分支，其核心目标是从海量的空间数据中提取出潜在的、未知的、有价值的知识。该过程不仅包括对空间数据进行统计分析和智能算法处理，还要求从具有噪声、不确定性及冗余的空间数据中提炼出有意义的规律和模式。空间数据挖掘的研究不仅关乎数据的处理，还涉及对空间知识的发现与理解。因此，它具备一系列鲜明的特性。

1. 目标导向性

空间数据挖掘的目标导向性，即从庞大且复杂的空间数据集合中，自动探寻潜在有用的空间模式、规则和关系，这一过程侧重于发现数据中未知的知识，并将其转化为可用于决策支持的信息，这些知识可能包括空间数据的概要描述、分类模型或潜在偏差的检测结果。尽管这一目标清晰，但在实际操作中却面临着数据量庞大、噪声干扰以及数据冗余等多重技术挑战。因此，如何在这些复杂数据中筛选出真正具有价值的信息，成为空间数据挖掘领域亟待攻克的问题。

2. 数据源的复杂性和多样性

空间数据不仅包含结构化数据，还涉及半结构化数据，如图像、文本以及地理信息系统中存在的各种异构数据。这些数据源通常以电子形式存储在空间数据库中，具备高维度、复杂性和大规模等特征。由于空间数据往往是从不同的来源收集而来，其质量参差不齐，包含大量噪声和不确定性。因此，空间数据挖掘不仅是从结构化数据中提取知识，更重要的是解决如何处理和分析具有复杂性及噪声的多源数据的问题。

3. 空间数据挖掘强调发现过程

空间数据挖掘强调发现过程而非证明过程，这一特点表明，空间数据挖掘并非致力于证明某种特定的假设，而是通过对数据展开探索与分析，自动或半自动地揭示其潜在的规律和关系。该过程依赖于灵活多样的发现方法，包括数学模型、统计分析以及机器学习等技术手段，这些方法既可以是演绎式的，也可以是归纳式的，且在应用过程中呈现出反复调整和迭代的特点。这种逐步深入、螺旋上升的探索方式，不仅促进了空间数据挖掘理论的发展，也推动了其在实际应用中的不断创新。

4. 空间数据挖掘的知识具有领域特定性

空间数据挖掘的知识具有领域特定性，并受限于具体的前提条件。与传统的科学理论发现不同，空间数据挖掘并不寻求具有普适性、适用于所有场景的知识或理论。其发现的知识通常与特定的应用领域相关，且受制于数据本身的局限性和特定的研究问题。例如，在城市规划、资源管理等领域，空间数据挖掘更多地关注与地理空间位置、使用模式、物理关系等相关领域的特定知识。这些知识的发现，通常基于数据中隐含的空间关系、趋势或模式，通过综合分析和模式识别可提炼出来。

（二）空间数据挖掘的方法

1.专家系统

专家系统凭借其模拟领域专家推理过程的能力，成功地将高度专业化的知识转化为可实际操作的决策支持工具。其基本原理在于，通过构建详尽的知识库并采用精确的推理规则，专家系统能够在特定领域内为用户提供类似专家级别的判断和决策支持，进而提升决策的效率和准确性。

专家系统的核心优势在于其知识库的构建和管理。知识库不仅包含领域专家的经验和规律，还要具备良好的更新和扩展能力，以应对不断变化的知识需求。因此，知识的存储、表达和维护成为专家系统设计中面临的关键挑战。系统中的推理引擎负责根据知识库中的规则对输入数据进行处理，通过推理过程可得出结论，这一过程是动态的，并且可以通过优化推理规则和算法不断提高系统的推理效率与准确性。

专家系统的有效性依赖于知识的准确表达和抽象表征，特别是在表达复杂或模糊知识时，如何确保知识的形式化和一致性是设计的重点。知识的获取和更新不仅需要依赖专家的指导，还要求系统具备自适应能力，以应对技术进步和领域变化带来的挑战。此外，推理机制的设计也需要具备一定的灵活性，这样才能使专家系统在处理不同类型的问题时，能够保持高度的适应性和可靠性。

随着技术的不断发展，专家系统的应用范围逐渐扩展至数据挖掘、智能诊断、决策支持等多个领域，从而使其在处理复杂非结构化问题中的独特优势日益显现。因此，专家系统不仅促进了人工智能技术的广泛应用，也为解决实际问题提供了科学、高效的解决方案。

2.遗传算法

遗传算法通过模拟生物的遗传与进化过程，提供了一种强有力的全局搜索手段。其基本理念是通过编码、交叉、变异和选择等操作，模拟生物基因的传递和变异，从而引导对解空间的探索。遗传算法能够有效地处理复杂、非线性和多峰的问题，特别是在求解高维度且难以通过传统方法求解的问题时，能够展现出独特的优势。

遗传算法的核心在于其灵活的解空间搜索机制，通过在群体中生成多个候选解，再依靠适应度函数评估每个解的优劣，进而通过选择、交叉和变异等操作优化解的质量。这是一个迭代的过程，每次迭代都会筛选出适应度较高的解，并对其进行遗传操作，从而逐步提升解的质量。通过多次迭代，遗传算法能够在广泛的解空间中，找到全局最优解或接近最优解，避免了陷入局部最优的困境。

与传统的优化方法相比，遗传算法具有较强的全局搜索能力和适应性，其不依赖于问题的具体数学形式，能够适应多种复杂问题的求解需求。这种方法的并行性和适应性，使其在处理大规模、高维度、具有复杂约束条件的优化问题时，能够有效地提升求解效率和准确性。

3. 统计方法

统计方法通过对数据的收集、整理和分析，揭示事物背后的潜在规律。这些规律通常表现为数据中的模式和趋势，初始的观察可能仅限于数据的表面，而统计方法通过系统的量化分析和理论建构，可以将这些潜在规律从复杂的数据中提炼出来。统计方法不仅能够帮助研究人员识别数据之间的关系，还能够通过数学模型和假设检验等手段，为研究问题提供科学的验证与解释。

统计方法的应用范围涵盖从描述性统计到推理统计的多个层次。描述性统计主要通过数据的集中趋势、离散程度等指标，对数据总体特征予以直观呈现；而推理统计则通过抽样数据推断总体性质，应用于假设检验、估计、回归分析等多种技术中，推理统计的核心在于，如何从有限的样本中得出关于总体的科学结论。

随着数据的多样化和复杂化，统计方法也在不断地发展，并逐渐延伸到多元统计分析、时间序列分析和机器学习等领域。多元统计分析技术，如主成分分析和因子分析，能够处理多个变量之间的复杂关系，帮助研究者揭示变量间的潜在结构。同时，统计方法与计算技术的深度融合，形成了数据挖掘、模式识别和预测建模等先进的分析方法，为解决现实问题提供了强有力的支持。

4. 粗糙集理论

粗糙集理论通过建立数据对象的粗糙集合，对数据中的模糊性和不确定性进行建模，进而实现对不完全数据的有效分析与推理。粗糙集理论的核心在于其能够处理无法明确分类的情况，并通过挖掘数据中隐含的关系，揭示其潜在的规律和知识。与传统的精确分类方法不同，粗糙集理论能够容忍数据中的不确定性，反映出在不完全知识条件下的数据处理能力。

粗糙集理论的主要优势在于其无须依赖外部信息或假设前提，只需依赖于数据本身的内在结构和属性。这一特点使粗糙集理论在面对模糊或不完全信息时，能够提供一种灵活的解决方案。通过对数据对象的归类与划分，粗糙集能够识别和度量数据中的不确定性，并根据已知数据进行合理的推理与分类。该过程通常通过构造下近似集和上近似集的方式，精确地定义数据中可能存在的边界，并从中提取出有价值的知识。

粗糙集理论的自适应性使其在数据挖掘和知识发现领域中，具有重要的应用价值。通过探寻数据中隐含的模式，粗糙集理论不仅能够为数据分类提供支持，还能进一步揭示数据之间潜在的规律性。这种方法特别适用于数据不完全、信息模糊的情形，能够有效地弥补传统统计和机器学习方法在处理不确定信息时的不足。

（三）空间数据挖掘的过程

空间数据挖掘的过程不仅涉及对数据的处理和分析，还需要考虑空间特性对数据挖掘过程的影响。空间数据挖掘不仅是一个技术性过程，也是一个知识发现的过程，它能够帮助人们从复杂的数据中提取出有价值的知识，并为各种应用提供科学依据。

1. 数据的选择、集成与清理

空间数据挖掘的目标是确保数据的质量和相关性。空间数据往往源自多个不同的数据源，因此数据集成的过程不仅需要对数据进行有效的整合，也需要对不同数据源间的格式、维度和尺度等进行统一，还需要对数据进行清理，去除数据中的噪声、重复项和不一致的内容，填补缺失值，确保数据的完整性和准确性。清洗后的数据可以为后续的数据转换和挖掘打下了坚实的基础。

2. 数据转换

数据转换通过对原始数据进行处理，将其转化为适合挖掘的格式和结构。数据转换通常涉及特征提取、降维技术和数据规范化等操作，目的是简化数据的复杂性，提高挖掘算法的效率。由于空间数据通常具有高维度和多样化的特征，因此，如何通过转换技术有效地保留空间数据的关键信息，同时消除冗余或不必要的维度，是提高挖掘效率和准确性的关键。

3. 知识理解

知识理解和知识评价是空间数据挖掘的后续环节，在这一阶段，挖掘得到的规则与模式需要由用户解读和验证。知识理解的过程不仅是对挖掘结果的表面解释，还需要对结果的意义进行深入分析，以判断这些结果是否具有实际应用价值。由于空间数据的复杂性和多样性，挖掘结果往往需要根据具体的领域背景和应用需求进行调整与优化。因此，知识理解通常是一个迭代过程，用户在理解和评估挖掘结果时，可能需要返回前面的阶段，进行新的数据处理和算法调整，以不断提升挖掘结果的有效性和准确性。

4. 知识评价和决策支持

知识评价和决策支持是空间数据挖掘的最终目标。在这一阶段，通过对挖掘出的规则和模式进行评估，可以识别出真正有意义、值得关注的模式和规律。这一过程通常需要借助领域专家的知识以及相应的评价指标，如规则的准确度、置信度、提升度等。经评估后的结果可以为决策者提供更加精准的决策支持，帮助其在复杂的空间环境中做出科学、合理的决策。

第三节　数据挖掘的步骤与工具

一、数据挖掘的步骤

数据挖掘的步骤虽受到具体应用领域的影响，但其核心流程和阶段具有一定的共性，并且步骤的规范性和系统性对于挖掘结果的准确性与有效性至关重要。数据准备阶段是数据挖掘过程中的基础环节，主要内容包括数据的收集、清洗和预处理；数据挖掘阶段是核心的分析环节，其涉及选择合适的挖掘算法与模型，并通过计算机程序对数据进行深度挖掘；结果表述与解释阶段是数据挖掘的收尾工作，其要求对挖掘结果进行可视化呈现，并结合具体应用场景进行科学解释。

（一）数据准备阶段

数据准备阶段的质量直接影响后续分析的准确性和有效性，该阶段主要涵盖数据集成、数据选择和数据预处理三个核心步骤，且每个步骤都为数据挖掘过程奠定了坚实的基础。

1. 数据集成

数据集成的目的是将不同来源的数据进行有效整合，这一过程通常涉及多个数据源，可能包括数据库、日志文件、外部信息流等，其核心在于统一数据格式、解决数据冗余和矛盾的问题。通过数据集成，能够将分散在不同系统中的信息汇聚到一个集中平台，从而提升数据的可用性与一致性，为后续的数据分析提供全面的支持。

2. 数据选择

数据选择的目的是从庞大而复杂的数据集中，挑选出与分析任务相关的数据。该过程不仅需要关注数据的代表性与质量，还需要确保所选数据能够有效地支持后续的数据挖掘目标。数据选择的策略通常依据目标任务的性质以及数据的可用性来制定，确保在不冗余、不缺失的前提下进行高效选择，从而提高数据挖掘的效率和准确性。

3. 数据预处理

数据预处理的过程包括数据规约、数据清理和数据变换等方面。数据规约旨在通过减少数据集的规模和复杂度来优化计算效率，同时保持数据的代表性；数据清理通过去除数据中的错误、不一致或缺失值，确保数据的高质量；数据变换是对数据进行标准化或格式化处理，使其符合挖掘算法的要求。通过这些处理，数据预处理不仅去除了数据中的噪声，还为挖掘任务提供了规范化、高质量的输入。

（二）数据挖掘阶段

数据挖掘阶段的首要任务是明确挖掘的任务或目的，这一环节对整个挖掘过程具有决定性影响。数据挖掘的任务类型多种多样，包括但不限于分类、聚类、关联规则发现以及序列模式发现等。每种任务都有其特定的应用场景和目标，清晰界定任务范围和目标，有助于确定适合的分析方法和技术路径。

在明确任务类型后，便是选择合适的挖掘算法。算法选择的过程需要充分考虑多方面的因素，其中最关键的两个因素是数据的特性与实际应用需求。数据的类型、结构及其内在规律将直接影响算法的选择。例如，数值型数据与类别型数据在挖掘时，常常需要运用不同的处理方法，而时序数据和非时序数据则可能需要采取不同的模型。用户或系统需求也是影响算法选择的重要因素。在某些应用中，用户更倾向于易于理解的描述型知识，这种知识通常能够清晰地解释数据的内在规律；而在另一些应用场景中，用户可能更关注预测型知识的精度和可靠性，即便这些知识的理解难度较大。不同的需求决定了在算法选择时，可能需要对可解释性和预测精度之间进行权衡，进而确定最合适的算法模型。

（三）结果表述与解释阶段

1. 知识表示

知识表示旨在将从数据中挖掘出的隐含模式和信息，转化为易于理解和使用的形式。这一过程不仅涉及信息的组织和存储，还包括如何让这些知识在后续的应用场景中，实现有效的传递和利用。有效的知识表示能够确保挖掘结果为决策提供有价值的支持，并能够在实际应用中实现知识的共享和重用。

知识表示需要关注，如何将数据挖掘结果以通俗易懂的形式展现给最终用户？数据挖掘通常产生大量的复杂模式和模型，直接呈现这些结果可能难以让用户迅速捕捉其中的关键信息。因此，通过图形化、结构化的方式对结果进行呈现，使用户能够直观地理解和应用这些知识，是知识表示的一项基本任务。可视化技术在这一过程中起着核心作用，它不仅能够提升数据的可解读性，还能帮助用户发现数据中的潜在规律和趋势。

知识表示还涉及如何将挖掘结果存储和集成到知识库中，供后续的分析和应用调用。在这一过程中，如何设计合适的数据结构和存储方式，以确保知识能够高效、准确地传递至相关系统，是知识表示的另一关键点。随着数据量的不断增加，知识库的管理和优化也成为提升数据挖掘价值的关键因素。

2. 模式评估

模式评估旨在验证和衡量挖掘结果的质量与有效性。该阶段不仅需要从技术角度对挖掘模型进行验证，还需要从实际应用层面对其适用性和准确性进行评估。模式评估的首要任务是确保挖掘结果能够满足预期的业务需求，并具有较高的可信度和可操作性。

数据挖掘技术的有效性直接决定了模式评估的质量。不同的挖掘算法与方法具有不同的适用范围和优劣势。在评估过程中，需根据任务的特性和目标，选择合适的性能指标，如准确率、精确度、召回率等，从而对模型进行全面考核。这些指标不仅能够反映模型在数据集上的表现，还能够为其泛化能力和稳定性提供有力证明。

数据的质量和数量是模式评估中不可忽视的因素。数据集的完整性、准确性以及代表性直接影响挖掘结果的可靠性。如果所使用的数据存在缺失、噪声或不一致的情况，那么挖掘得到的模式往往会偏离实际情况。因此，模式评估应当对数据进行严格的质量把控，确保数据在挖掘前已通过适当的预处理和清洗。此外，数据量的大小也会影响模式的稳定性，过小的数据集可能导致模型的过度拟合，而过大的数据集则可能增加计算的复杂性。

二、数据挖掘的工具

数据挖掘的工具大体分两大类：特定领域的数据挖掘工具和通用的数据挖掘工具。特定领域的数据挖掘工具主要为某个特定领域的问题提供解决方案，其针对性比较强，只能用于一种应用场景。通用的数据挖掘工具采用通用的挖掘算法，不区分具体数据的含义，能够处理常规的数据类型。目前，很多机构都开发了自身不同应用环境下的数据挖掘系统，比较知名、常用的数据挖掘系统如下：

（一）Weka 系统

Weka 系统是一款基于 Java 编译环境下、为数不多的开源数据挖掘系统，集成了强大的机器学习算法与数据挖掘算法。对 Weka 系统进行二次开发，通过将 Weka 系统和浏览器，以及后台评测端以 B/S 架构的模式相结合，完成基于 Weka 系统的数据挖掘任务[1]。

Weka 系统不仅提供了多种机器学习算法，可用于数据预处理、分类、回归、聚类、关联规则等多种数据挖掘任务，还具备强大的交互式可视化界面，使用户能够直观地理解和操作数据分析过程。Weka 系统的设计理念是为数据分析师提供一个开放、灵活且高效的工具平台，支持从数据预处理到复杂建模的全流程操作，被广泛应用于学术研究和行业实践中。

Weka 系统的核心优势在于其多样化的功能模块。这些功能涵盖了数据挖掘的各个环节，从数据的初步清理和预处理，到各种机器学习模型的构建与评估，该系统能够全面满足不同数据分析的需求。特别是在分类和回归任务方面，Weka 系统提供了多种算法选择，确保用户可以根据实际数据和问题需求选择最合适的模型。此外，聚类和关联规则发现等功能的支持，使 Weka 系统不仅适用于监督学习任务，还能高效地处理无监督学习任务，增强了其在复杂数据环境中的适应性。

在 Weka 系统中，通过图形化用户界面，用户能够更加便捷地进行数据探索、模型训练和结果展示。数据可视化不仅能够帮助用户快速理解数据分

---

① 薛成，蔡远，李玉萍 . 基于 WEKA 的在线数据挖掘 [J]. 中国科技信息，2022（14）：128-130.

布和模型效果，还能够实时呈现不同挖掘方法的输出结果，提升了数据分析的透明度和可操作性。这种交互式设计极大地提高了系统的易用性和用户体验，使 Weka 系统能够被广泛应用于各种技术水平的用户群体中。

Weka 系统具备较强的可扩展性和灵活性，能够与其他数据源和数据库系统实现无缝集成。通过对数据源的灵活支持，Weka 系统能够处理多种类型的输入数据，包括结构化数据和非结构化数据，这为其在不同场景中的广泛应用提供了可能。

（二）Quest 系统

Quest 系统旨在为新一代决策支持系统的应用开发，提供高效的数据挖掘基本构件，其设计侧重于在处理大型数据库时的高效性与可扩展性，具有显著的优势和应用潜力。Quest 系统专门为大型数据库中的各种数据挖掘任务提供丰富的功能模块，包括关联规则发现、序列模式发现和时间序列聚类等，这些功能不仅涵盖了传统数据挖掘的需求，还扩展了对复杂数据结构的支持，满足了不同类型数据模式的挖掘需求。这些特性使 Quest 系统在处理多样化和高维度数据时，能够展现出良好的适应性和灵活性，为实际应用中复杂数据的分析提供了理论基础和技术保障。

Quest 系统的算法具有近似线性的计算复杂度，这一特点确保了 Quest 系统能够高效处理任意规模的数据库。在实际应用中，大型数据库的处理往往面临计算时间和资源消耗的挑战，而 Quest 系统通过优化算法，极大地提高了数据挖掘的速度和效能，适用于从小型到大型的各种数据集。无论数据量如何扩展，Quest 系统均能保持较低的计算成本，使其在大规模数据分析中具有广阔的应用前景。

Quest 系统在挖掘模式时具有查全性，即能够识别所有满足指定类型的模式。这一特性使得系统在发现潜在信息时具有全面性，避免了部分模式遗漏的风险。查全性确保了数据挖掘结果的完整性，为决策者提供了更加准确和全面的数据支持，增强了系统在实际应用中的可靠性和实用性。

Quest 系统为不同的挖掘任务设计了并行算法，以支持高效的多任务处理。在面对多样化的任务需求时，系统能够同时执行不同的挖掘算法，从而提升了数据处理的效率和系统的响应速度。并行计算不仅优化了资源的利用，还确保了在大规模数据环境下的高效性和实时性，使 Quest 系统能够在高负载的应用场景中依然保持优异的性能。

（三）Explora 系统

Explora 系统展现出卓越的灵活性和适应性，能够在多种应用场景下实现高效的信息发现与数据挖掘。其核心设计理念在于通过使用模板来寻找事实，并进行图文搜索，进一步推动数据的深入分析与理解。Explora 系统的架构使用户能够根据具体需求进行交互式浏览，从而生成有序的数据集，并基于此提供定制化的最终报告。

Explora 系统采用了模板驱动的事实发现方法，这一设计不仅优化了数据的探索效率，还使得数据挖掘过程更加系统化和规范化。模板作为模型的具体数据实例，能够精准地定义挖掘目标和数据模式，从而在海量信息中准确识别相关事实。该方法通过对数据的结构化处理，有效地减少了冗余信息的干扰，确保了最终挖掘结果的高质量和高可靠性。

Explora 系统具备高度交互性，支持终端用户通过交互界面筛选、排序和展示数据集。这种设计增强了用户的参与感和掌控感，使数据挖掘不再是一个单纯的自动化过程，而是与用户需求紧密结合的个性化探索。通过与系统的交互，用户能够在实时反馈的基础上调整分析策略，进一步优化挖掘结果，这种灵活性和自适应性无疑提升了系统在复杂数据环境下的应用能力。

Explora 系统还具有强大的自定义功能，允许用户在挖掘过程中创建新的模板和修改验证方法。这种设计为用户提供了更大的自由度，使系统能够根据不断变化的数据特征和应用需求，灵活调整其工作流程和分析策略。同时，用户不仅能够根据已有的模板进行数据发现，还可以通过动态修改模板和验证方法，实时调整系统的工作方式和精度，从而提升整体的挖掘效率和准确性。

（四）DBMiner 系统

DBMiner 系统旨在高效地挖掘包括特征规则、分类规则、关联规则以及预测模型等在内的多种数据知识。作为 DBLearn 系统的继承者，DBMiner 系统通过对关系数据库和数据挖掘技术的集成，为数据分析提供了更加全面、高效的支持。该系统基于面向属性的多级概念层次设计，旨在实现对各类知识的深度发掘。

DBMiner 系统的设计着眼于多种知识的发现，包括特征规则、关联规则、分类规则和偏离知识等。这些知识的发现不仅能够帮助用户全面理解数据的潜在模式，还能够为决策过程提供强有力的数据支持。特征规则和分类规则的提取，使系统在对数据特征的把握上具备高度灵活性，能够适应多样化的分析需求；而关联规则和偏离知识则进一步丰富了系统对复杂数据关系的挖掘能力，从而提升了对数据内在结构的洞察力。

DBMiner 系统综合运用了多种数据挖掘技术，如统计分析和面向属性的归纳法等。这些技术的整合不仅增强了系统的挖掘能力，还为用户提供了更为精确和多元的分析工具。统计分析有助于揭示数据的整体趋势和分布规律，而面向属性的归纳法则在推断数据模式时展现出较强的普适性和深度，二者的结合使系统能够处理复杂的数据结构，满足不同类型数据的挖掘需求。

DBMiner 系统提出了一种交互式类 SQL 数据挖掘查询语言，用户能够通过类似 SQL 的查询方式高效地进行数据挖掘操作。该查询语言不仅降低了使用门槛，还使得用户能够灵活地根据需求定制和调整查询过程，进一步增强了系统的交互性和可操作性。此外，DBMiner 系统与关系数据库的无缝集成确保了 DBMiner 系统在实际应用中的高效性，尤其是在处理大规模数据时，能够显著提升数据提取和分析的效率。

DBMiner 系统在实现架构上采用了基于客户/服务器的体系结构，支持 UNIX 和 PC 版本的系统运行。这一架构设计不仅保证了系统在不同平台上的高效性能，还增强了系统的可扩展性和兼容性，确保了其在多种计算环境下的应用稳定性。

（五）Intelligent Miner 系统

IntelligentMiner 系统涵盖了关联分析、分类、回归、预测、偏离检测和聚类等核心算法。这些算法为数据分析提供了全方位的支持，使该系统能够适应不同类型的数据挖掘需求，被广泛应用于各类大数据处理场景中。Intelligent Miner 系统的独特之处主要体现在其算法的可扩展性以及与 IBMDB2 关系数据库管理系统的紧密集成。

Intelligent Miner 系统的算法具备可扩展性，意味着这些算法能够处理不同规模的数据集，无论是小型数据集还是大规模数据集，均能保持高效的运行性能。随着数据量的不断增加，系统能够在保证分析质量的前提下，动态调整计算资源的使用，以确保挖掘任务在复杂环境下的顺利进行。这种可扩展特性为该系统在应对海量数据时提供了坚实的技术支持，使其能够被广泛应用于需要处理大规模数据的行业和领域中。

Intelligent Miner 系统与 IBMDB2 关系数据库管理系统的紧密集成是其另

一大特色，这一集成设计为系统提供了强大的数据管理能力和高效的数据处理能力。通过与 IBMDB2 关系数据库管理系统的无缝对接，Intelligent Miner 系统能够直接从 IBMDB2 关系数据库管理系统中提取数据，并对其进行深入挖掘和分析。这种集成方式大大提升了数据挖掘过程中的数据存取效率，使 Intelligent Miner 系系统在处理结构化数据时，能够实现快速的数据访问和高效的存储管理。

Intelligent Miner 系统支持多种数据的挖掘算法，能够满足不同领域用户的多元化需求。无论是在探索数据的内在关联、构建预测模型方面，还是在进行复杂数据的偏离检测和聚类分析方面，Intelligent Miner 系系统均能够提供高效、准确的解决方案。这些算法组合的灵活性和适应性使 Intelligent Miner 系统成为一个多功能、全方位的数据挖掘平台，可应对各种复杂多变的数据挖掘挑战。

第三章　大数据背景下的核心数据挖掘技术及算法

在大数据时代，数据的规模、类型和复杂性不断增加，这要求数据挖掘技术不断创新与发展，以应对海量数据的分析需求。本章将深入探讨关联规则挖掘、聚类算法与评估、分类预测及人工神经网络、逻辑回归与决策树回归。

第一节　关联规则挖掘

一、关联分析的相关概念

通过关联规则的形式表达，可以揭示不同事物之间的相互依赖关系和内在关联性。具体而言，当两个或多个事物之间存在某种关联时，可以通过这种关联性进行预测分析，即一个事物的出现可以通过其与其他事物的关联来预测其发生的可能性。

（一）频繁项集

频繁项集指的是在给定的交易数据库中支持度大于或等于预设最小支持度阈值的项集。频繁项集的挖掘是关联规则挖掘的基础，其核心目标是识别在大量事务数据中频繁共现的项集，以便后续生成强关联规则。

项集的支持度定义为包含该项集的事务数占总事务数的比例。基于该定义，频繁项集可以进一步分类为不同级别的 k 项集，k 代表项集所包含的项数。例如，1 项集表示单个项的集合，2 项集、3 项集则表示包含两个或三个项的集合。通过计算这些项集的支持度，可以筛选出满足最小支持度要求的频繁项集。

任务相关的数据 D 是数据库事务的集合，每个事务 T 都是项的集合，使 $T \subseteq I$，即 $D=\{t1，t2，t3，t4，t5\}$。

包含特定项集的事务个数称为支持度计数，用符号 σ 表示。

$$\sigma = \mathrm{count}(X \subseteq T)$$

如 $\sigma(\{Milk，Bread，Diaper\})=2$。

包含项集的事务数与总事务数的比值称为支持度，用符号 s 表示，

$$s(X \Rightarrow Y) = P(X \cup Y) = \frac{\mathrm{count}(X \cup Y)}{|T|}$$

包含 X 和 Y 的交易数与包含 X 的交易数之比称为置信度，用百分数表示为：

$$c(X \Rightarrow Y) = P(B|A) = \frac{s(X \cup Y)}{s(X)} = \frac{s\_count(X \cup Y)}{s\_count(X)}$$

（二）最大频繁项集

最大频繁项集是指其所有直接超集均不是频繁项集的项集。换句话说，若某频繁项集的所有直接超集都不满足最小支持度阈值，则该项集可被认定为最大频繁项集。

最大频繁项集的确定，对于减少数据规模和提高计算效率具有重要意义。在关联规则挖掘过程中，最大频繁项集的发现有助于降低后续规则生成的计算复杂度，因为它们代表了所有潜在频繁模式的上界。例如，若频繁项集 $\{A，D\}$ 的直接超集 $\{A，B，D\}$ 和 $\{A，C，D\}$ 都不是频繁项集，则可以推断频繁项集 $\{A，D\}$ 为其中一个最大频繁项集。同理，可以推断 $\{A，C，E\}$ 与 $\{B，C，D，E\}$ 也属于最大频繁项集[①]。

（三）关联规则挖掘的任务

关联规则是形式化表达项集之间相互关系的一种方法，通常以 $X \rightarrow Y$ 的形式表示，其中 X 和 Y 是互不相交的项集，X 称为前件，Y 称为后件。

关联规则的强度通过支持度和置信度来衡量。支持度表示规则（$X \rightarrow Y$）在整个数据集中出现的频率，而置信度则表征了在包含 X 的事务中，Y 也同

---

① 丁兆云，周鋆，杜振国. 数据挖掘原理与应用 [M]. 北京：机械工业出版社，2021：196.

时出现的条件概率。除了支持度和置信度外，提升度等指标也常用于评估规则的有效性。大多数关联规则挖掘算法通常遵循一种分解策略，即将关联规则挖掘任务划分为两个主要子任务。首先是频繁项集的产生，其核心目标在于识别满足最小支持度阈值的所有项集，这些项集被定义为频繁项集。其次是规则的生成，此过程基于前一步获取的频繁项集，进一步提取满足高置信度要求的规则，这些规则被称为强关联规则。通过这种分步策略，关联规则挖掘能够从大规模数据集中高效地提取有价值的信息，从而为后续的数据分析与决策提供支持。

（四）关联规则挖掘的蛮力搜索算法

关联规则挖掘的一种直接方法是蛮力搜索，该方法采用穷举方式计算所有可能的项集组合，并逐一验证其支持度和置信度是否满足预设的阈值。然而，该方法的计算复杂度极高，尤其是在项集数量较大的情况下，计算开销呈指数级增长。

蛮力搜索算法在挖掘关联规则时，通常面临较大的计算开销。为降低频繁项集计算的复杂度，常见的优化方法包括 Apriori 算法和 FP-Growth 算法。Apriori 算法基于先验原理，通过逐步生成候选项集并利用频繁项集的性质，有效减少了需要检查的候选项集数量，从而降低计算成本。与此不同，FP-Growth 算法采用无候选项集的策略，通过构建频繁模式树（FP-tree），实现深度优先搜索，避免了大量候选项集的生成，并减少了频繁项集间的比较次数，从而进一步提高了算法的效率。这两种方法分别从不同角度优化了频繁项集的挖掘过程，有效地减轻了蛮力搜索算法的计算负担。

二、Apriori 算法

（一）Apriori 算法的过程

Apriori 算法是一种基于先验原理（Apriori Principle）的关联规则挖掘算法，其基本思想是利用频繁项集的性质递归地生成候选项集，并通过逐层筛选的方式确定最终的频繁项集。Apriori 算法的主要步骤如下：

1. 生成候选项集

生成候选项集是关联规则挖掘的第一步，该过程从识别单项频繁项集开始。单项频繁项集指的是数据库中，出现频率超过最小支持度阈值的单个项。通过扫描数据库，可以计算每个单项项集的支持度，从而筛选出满足条件的项集。根据这些单项频繁项集，通过组合能够生成更高阶的候选项集。例如，单项频繁项集可以两两组合形成二项候选项集，二项频繁项集可以再组合形成三项候选项集，以此类推。这一过程的核心机制是通过逐步扩展项集，寻找可能的频繁项集。然而，由于项集的组合数呈指数级增长，候选项集的数量可能会非常庞大，因此需要借助后续步骤来优化计算效率，从而减少不必要的计算。

2. 支持度计算

在生成候选项集后，需要计算每个候选项集在数据库中的支持度。支持度表示项集在所有事务中出现的频率，反映了该项集的重要性和普遍性。具体来说，支持度是一个候选项集在事务数据库中出现的次数与数据库总事务数之比。对于每一个候选项集来说，都需要扫描整个数据库来计算其支持度。计算出候选项集的支持度后，通过与预设的最小支持度阈值进行比较，可以筛选出那些满足最小支持度要求的频繁项集。这个步骤对于优化算法效率至关重要，因为它及时排除了不符合条件的项集，避免了在后续步骤中对无关项集的冗余处理。

3. 剪枝

剪枝是关联规则挖掘中优化计算效率的重要策略。在生成候选项集的过程中，某些项集可能并不满足频繁项集的条件，即它们的所有子集都不是频繁项集。根据频繁项集的性质，如果一个项集的任何一个子集不频繁，那么这个项集本身也必定不频繁。因此，可以通过剪枝策略，去除那些包含非频繁子集的候选项集，从而有效缩减搜索空间。通过剪枝，可以显著降低需要计算的候选项集数量，进而提高算法的运行效率。

4. 迭代执行

关联规则挖掘算法采用迭代式处理框架。在完成候选项集的生成、支持度计算和剪枝后，算法会根据筛选出的频繁项集继续生成更高阶的候选项集，并重复执行支持度计算和剪枝步骤。这个过程需不断进行，直到无法生成新的频繁项集为止，即所有的频繁项集均被发现。

迭代执行的结束标志是没有新的候选项集可以生成，或者生成的候选项集不再满足最小支持度阈值，此时，算法终止，最终输出所有频繁项集。值得注意的是，随着迭代的进行，候选项集的规模逐渐减小，而频繁项集的发现逐步接近最终结果。

（二）Apriori 算法的项字典序与项连接

在 Apriori 算法的实现过程中，项字典序和项连接机制是两个非常重要的组成部分，二者相互配合，共同促进了频繁项集的高效挖掘。下面详细探讨 Apriori 算法中的项字典序和项连接操作，以及它们如何在算法中发挥作用。

1. 项字典序：排序与优化

项字典序是 Apriori 算法中一种用于排序项集的机制。在挖掘频繁项集时，Apriori 算法首先需要从数据库中提取出单个项的频繁项集，并对这些项进行排序。排序的依据是字典序，也就是按照字母或数字的顺序来排列项集。通过字典序排列后，Apriori 算法可以高效地执行项集连接与剪枝操作。

字典序排序的主要作用是在后续的候选项集生成和频繁项集筛选中减少冗余计算。在进行项集连接时，字典序排序能够保证在合并项集时，以有序的方式进行，从而避免重复计算。例如，在合并两个频繁项集时，如果两个项集的前 $k-1$ 个项相同，那么可以通过字典序排序将它们合并，生成一个新的候选项集。这个排序机制可以显著降低无意义合并的概率，提升算法效率。此外，字典序排序还为后续的剪枝操作提供了便利。在筛选频繁项集的过程中，若候选项集中的某些子集不是频繁项集，那么这些候选项集也必定不是频繁的。通过字典序排序，可以方便地对候选项集进行排序和索引，进而实现剪枝操作，避免了对非频繁项集的重复计算。

2. 项连接：生成高阶候选项集

项连接是 Apriori 算法的一个重要步骤，其主要目的是通过合并频繁项集来生成更高阶的候选项集。在 Apriori 算法中，项连接依赖于频繁项集的"封闭性"特征，即一个频繁项集的所有非空子集也是频繁的。因此，算法通过合并频繁项集来生成候选项集，并根据支持度进一步筛选出满足条件的频繁项集。

项连接的过程通常是通过"$k-1$ 项集连接生成 k 项集"来实现的。例如，当已知存在频繁的单项集（1 项集）和二项集（2 项集）时，可以通过合并这些项集生成三项集（3 项集）。此时，算法会检查所有可能的组合，并将符合条件的项集生成候选项集。通过这种方式，项连接操作能够逐步扩展项集的规模，最终挖掘出高阶频繁项集。

在进行项连接时，为了避免不必要的计算，Apriori 算法会结合字典序对项集进行有效排序，并且仅合并那些前 $k-1$ 个项集相同的项集。这样做的好处在于，能够减少生成候选项集的数量，避免不必要的重复计算。此外，连接操作还需要根据支持度对生成的候选项集进行计算，以确保最终得到的项集满足最小支持度要求。

（三）Apriori 算法的特点

Apriori 算法是数据挖掘领域中经典的频繁项集挖掘算法，被广泛应用于关联规则的生成。该算法基于"先验性"原理，通过逐步扩展项集的方式，能够有效地挖掘频繁项集，并为关联规则的发现奠定基础。Apriori 算法具有一系列独特的特点，这些特点在提升算法效率、减少计算开销方面发挥了重要作用。下面论述 Apriori 算法的三大主要特点，即逐层搜索、基于先验知识，以及需要多次扫描数据库。

1. 逐层搜索：逐步扩展频繁项集

Apriori 算法的首要特点是其逐层搜索策略。该算法并不是一开始就试图寻找高阶的频繁项集，而是从低阶的频繁项集开始，逐步扩展，逐层提升。这一过程遵循了从单项集到高阶项集的扩展模式。具体来说，Apriori 算法首先从数据库中提取出频繁的单项集（1 项集），然后基于这些单项集生成候选二项集（2 项集），并对其进行支持度计算，进而筛选出频繁的二项集。接着，基于这些频繁的二项集生成候选三项集，以此类推，直到无法再生成新的频繁项集为止。

逐层搜索的优点在于其清晰的层次结构和递进式的计算方式。每一轮迭代都只关注当前频繁项集的扩展，从而有效减少了需要检查的项集数量。通过这种逐层扩展的方式，Apriori 算法能够确保每一层的候选项集都满足频繁性要求，进而提高挖掘过程的效率。同时，逐层搜索也避免了蛮力搜索所带来的大量不必要的计算，能够有效减少计算资源的浪费。

2. 基于先验知识：减少不必要的计算

Apriori 算法的另一个显著特点是其基于先验知识的设计理念。在频繁项集挖掘过程中，Apriori 算法充分利用了频繁项集的性质，尤其是频繁项集的"封闭性"特征。具体而言，Apriori 算法认为：如果一个项集是频繁的，那么它的所有子集也必定是频繁的；反之，如果一个项集的某个子集不是频繁的，那么该项集本身也不可能是频繁的。

基于这一性质，Apriori 算法能够通过有效的剪枝策略，减少计算量。例如，在生成候选项集时，如果某个项集的某个子集已经被判定为非频繁项集，那么该项集也可以被直接移除，无须再进行支持度计算。这种利用先验知识进行的剪枝大大降低了候选项集的数量，从而减少了不必要的计算，提高了算法的运行效率。此外，Apriori 算法还通过字典序排序和项集连接的策略，进一步优化了计算过程。排序保证了项集连接的有序性，使项集的生成过程更加高效，而连接操作也避免了重复项集的生成，从而节省了计算时间和空间资源。

3. 需要多次扫描数据库：计算支持度

Apriori 算法的第三个特点是它需要多次扫描数据库。在每一轮迭代时，算法都需要对数据库进行完整扫描，以计算每个候选项集的支持度。支持度是用于衡量一个项集在事务数据库中出现频率的指标，它直接决定了该项集是否为频繁项集。通过扫描数据库，Apriori 算法能够统计候选项集在所有事务中出现的次数，从而判断其是否满足最小支持度的要求。

虽然 Apriori 算法采用了逐层搜索和剪枝策略来减少不必要的计算量，但由于每一轮都需要扫描数据库，因此在面对大规模数据集时，数据库扫描次数较多，可能会导致计算开销较高。这也是 Apriori 算法的一个"瓶颈"，尤其是在数据量庞大的情况下，数据库扫描的成本问题显得尤为突出。为了解决这个问题，后续的一些优化算法（如 FP-Growth）应运而生，它们能够通过减少数据库扫描的次数，进一步提高频繁项集挖掘的效率。

（四）Apriori 算法性能的提升

为了提高 Apriori 算法的性能，可以采取以下优化策略：

1. 哈希技术：减少候选项集数量

哈希技术通过构造哈希表，对候选项集进行映射和存储，从而减少候选项集的数量。在 Apriori 算法中，候选项集的生成往往会导致组合数呈指数级增长，尤其是在处理较大数据集时，候选项集的数量可能非常庞大，进而大幅增加计算量。

为了解决这个问题，哈希技术对候选项集进行哈希化处理，从而将项集组合映射到哈希表中。哈希表的每个槽位用于记录候选项集的出现次数，当某个候选项集的出现次数满足最小支持度要求时，它就成为频繁项集。哈希技术能够避免在生成候选项集时的重复计算。哈希表的有效映射可以减少需要处理的候选项集数量，从而提高计算效率。

2. 事务压缩：减少计算量

事务压缩的思想是在计算过程中，通过移除不包含频繁项集的事务，来减少计算量。具体来说，Apriori 算法在每一轮迭代时，都会扫描数据库中的所有事务，用于计算候选项集的支持度。随着频繁项集的逐步扩展，越来越多的事务可能不包含任何频繁项集，这是由于这些事务对候选项集的计算并没有贡献。

事务压缩通过标记并移除那些不包含频繁项集的事务，减少了数据库中需要处理的事务数量。这样，算法只需针对包含频繁项集的事务进行计算，大大降低了不必要的计算开销。事务压缩不仅能减少数据库的扫描次数，还能提高算法的执行效率，特别是在处理大规模数据集时，能够显著降低计算成本。

3. 划分法：将数据库划分为多个子集

划分法是一种通过将数据库划分为多个子集，来优化 Apriori 算法性能的策略。划分法的基本思路是将大规模的数据库分成若干个规模较小的子集，在每个子集上独立地挖掘频繁项集，然后将各个子集的挖掘结果进行合并。通过这种方式，划分法能够减少每次扫描的数据量，从而减少计算时间。

具体而言，首先，划分法将数据库按照某种规则分成多个子集，且每个子集的规模相对较小；其次，对每个子集分别独立进行频繁项集的挖掘，得到各个子集的频繁项集；最后，Apriori 算法会将所有子集的频繁项集进行合并，并在合并后的频繁项集中进一步筛选，最终得到全局的频繁项集。通过划分法，Apriori 算法可以有效利用分布式计算的优势，提升计算速度，此方法特别适用于大规模数据集的处理。

4. 抽样法：降低计算成本

抽样法是另一种能够降低 Apriori 算法计算成本的有效策略，尤其是在处理超大规模数据集时，抽样法能够显著提高 Apriori 算法的运行效率。抽样法的基本思想是从原始数据库中抽取一个规模较小的样本子集，并在该子集上进行频繁项集的挖掘，然后根据样本的结果推断出全数据库的频繁项集。

抽样法的优势在于它能够在较小规模的数据集上进行频繁项集挖掘，减少了数据库扫描的次数和计算量。通过对样本上进行计算，抽样法能够大致估算出全数据库中频繁项集的情况，而不需要对整个数据库进行逐一扫描。尽管抽样法可能会存在一定程度的误差，但通过合理的样本选择和抽样策略，抽样法能够在保持较高准确度的同时，大幅降低计算成本。

三、FP-Growth 算法

（一）构造 FP 树

FP-Growth（Frequent Pattern Growth）算法是 Apriori 算法的改进版本，其核心思想是构建频繁模式树（FP 树），以压缩数据存储，并利用树结构进行频繁项集挖掘。

1. 计算支持度并移除不频繁项

FP 树构建的第一步是对数据库进行扫描，计算每个项的支持度，并移除不满足最小支持度的项。具体来说，首次扫描数据库的目的是统计每个项的出现频率，并为后续 FP 树的构建提供基础数据。在这一步骤中，FP-Growth 算法遍历数据库中的每个事务，并记录每个项的出现次数。通过统计所有项的支持度，FP-Growth 算法可以识别出哪些项的支持度满足最小支持度要求。对于那些支持度低于最小支持度的项，FP-Growth 算法会将其移除，从而减少后续计算时的冗余项。这样，FP-Growth 算法能够有效地减少不必要的计算，为构建 FP 树提供更加精简的数据集。

2. 按支持度对剩余项进行排序

在完成首次扫描后，FP 树构建的第二步是对剩余项进行排序。排序的依据是剩余项的支持度，通常是将剩余项按支持度从大到小排序。排序的目的是确保在构建 FP 树时，频繁项集的挖掘能够更加高效。通过对剩余项进行排序，可以确保 FP 树结构的压缩效果达到最优，从而提高 FP 树的存储效率和查询效率。

排序的核心思想是：在插入数据时，优先考虑那些频繁出现的项。这样做的好处在于，频繁项集较为密集，能够在 FP 树的上层形成较短的路径，而较为稀疏的项则被置于 FP 树的下层。这样，FP 树的结构会呈现出更为紧凑的形态，减少了 FP 树的层级，从而优化了后续的频繁项集挖掘过程。

3. 根据事务数据插入 FP 树

在完成排序之后，FP 树的构建进入了最关键的步骤，即根据事务数据构建 FP 树结构。FP 树的核心思想是：每个事务会将其包含的项依次插入 FP 树中，形成 FP 树中的一条路径。具体来说，构建 FP 树的过程可以分为以下步骤。

路径插入：对于每一条事务数据，应根据已排序的项，将事务中的项依次插入到 FP 树中。如果 FP 树中已经存在某个项的节点，则该节点的计数器加一，表示该项在事务中出现了一次；如果 FP 树中不存在该项的节点，则创建一个新节点，并将其插入到 FP 树中。每条事务都能在 FP 树中形成一条路径，通过不断插入新的路径，使 FP 树逐渐扩展。

路径共享：FP 树的一个重要特性是路径共享。当多个事务包含相同的项时，它们会共享 FP 树中的部分路径，从而有效地节省存储空间。通过共享路径，FP 树能够将多个事务的公共部分合并，减少了树的冗余部分，从而提高了 FP 树的压缩效果。

树的构建：每次插入事务时，都会根据排序好的项依次在 FP 树中添加节点，直到所有事务数据都插入完毕。最终，FP 树会呈现出一个紧凑的树形结构，其中频繁项集位于树形结构的上层，稀疏项集位于树形结构的下层。由于在 FP 树的构建过程中已经通过排序确保了频繁项集的优先性，因此 FP 树能够在存储空间上获得较好的压缩效果，从而提高了后续频繁项集挖掘的效率。

（二）基于 FP 树的频繁项集挖掘

与传统的 Apriori 算法相比，FP-Growth 算法显著减少了候选项集的生成，并避免了多次扫描数据库带来的高昂计算成本。FP-Growth 算法的核心思想是通过对数据库进行一次扫描来构建 FP 树，并利用该 FP 树的压缩结构来高效地挖掘频繁项集。下面解析 FP-Growth 算法是如何基于 FP 树实现高效频繁项集挖掘的。

1.FP 树的构建与压缩

FP-Growth 算法的第一步是构建 FP 树。首先，FP-Growth 算法扫描数据库，计算每个项的支持度，并去除不满足最小支持度的项，这一过程通过第一次扫描数据库完成，确保后续仅考虑频繁的项。其次，FP-Growth 算法根据支持度对剩余项进行排序，以确保频繁项在 FP 树结构中占据优先位置，从而实现了 FP 树的有效压缩。

在 FP 树的构建过程中，将事务数据按照已经排序的频繁项依次插入 FP 树中。当多个事务包含相同的项时，它们会共享 FP 树中的部分路径，从而大大减少了 FP 树的冗余部分。通过共享路径，FP 树能够有效地压缩数据，避免了传统 Apriori 算法中因生成大量候选项集而产生巨大的计算开销。FP 树紧凑的结构使得频繁项集的存储更加高效，为后续的频繁项集挖掘提供了有力的数据结构支持。

2.递归构建条件 FP 树

在 FP 树构建完成后，FP-Growth 算法可通过递归的方式挖掘频繁项集。对于每一个频繁项，FP-Growth 算法会从 FP 树中提取出以该频繁项为条件的"条件 FP 树"。具体来说，FP-Growth 算法会在 FP 树中以当前频繁项为基础，筛选出包含该项的所有路径，然后利用这些路径构建一个新的、规模较小的条件 FP 树，这一过程会持续递归进行，直到没有更多的频繁项可供挖掘。

递归的关键在于，通过构建"条件 FP 树"，使 FP-Growth 算法将频繁项集的挖掘过程转化为对各个子集的挖掘。每个"条件 FP 树"都代表了一个较小的数据集，这些数据集的频繁项集挖掘过程不需要再扫描原始数据库，从而大幅减少了计算量。"条件 FP 树"的构建不仅能提高存储效率，还能够降低 FP-Growth 算法的时间复杂度，使 FP-Growth 算法能够在大规模数据集上快速运行。

3.避免候选项集生成与数据库扫描

与 Apriori 算法不同，FP-Growth 算法在挖掘频繁项集时不需要生成候选项集，这一优势得益于 FP 树的高效结构设计。在 Apriori 算法中，频繁项集的挖掘依赖于候选项集的生成与数据库扫描，这在数据量大时会造成巨大的计算开销。而 FP-Growth 算法通过构建 FP 树，在 FP 树的压缩结构中直接挖掘频繁项集，从而避免了冗长的候选项集生成过程，也无须多次扫描数据库。

通过这一优化，FP-Growth 算法能够显著提升频繁项集的挖掘效率，尤其是在处理大规模数据时，FP-Growth 算法能大幅度降低计算复杂度。因此，FP-Growth 算法是一种高效、可扩展的频繁项集挖掘方法，特别适用于大数据环境下的关联规则学习。

（三）FP 树结构的优点

1.高效的数据压缩

传统的关联规则挖掘方法，如 Apriori 算法，在进行频繁项集挖掘时，往往需要生成大量候选项集。这些候选项集大多存在冗余部分，会产生大量的存储需求和计算开销。而 FP 树通过共享前缀路径的方式，有效地降低了数据存储的需求。

具体来说，FP 树的构建过程是先将频繁项集按支持度排序，然后再将数据库中的事务依次插入到 FP 树中。当多个事务包含相同的项时，这些相同的项在 FP 树中可共享相同的前缀路径，避免了对相同项的重复存储。通过这种方式，FP 树能够显著压缩存储空间，从而使大规模数据集能够更加高效地表示和存储。同时，FP 树结构的层次化组织进一步增强了数据压缩的效果，使频繁项集的挖掘能够在更为紧凑的数据结构中进行，从而节省了大量的内存和存储空间。

2. 避免候选项集的生成

在基于 Apriori 算法的频繁项集挖掘中，候选项集的生成是一个必不可少且计算量巨大的步骤。Apriori 算法需要通过多次扫描数据库来生成候选项集，并通过计算支持度来筛选出频繁项集，这不仅需要大量的计算资源，还会导致候选项集出现冗余情况，增加不必要的计算开销。然而，FP-Growth 算法通过 FP 树的结构避免了这一问题。FP 树在构建完成后，能够直接在 FP 树结构中挖掘频繁项集，无须生成候选项集。由于 FP 树已经在构建过程中压缩了数据，且各个事务共享相同的前缀路径，从而使挖掘频繁项集变得更加直接和高效。FP-Growth 算法通过递归的方式构建条件 FP 树，并在其中持续挖掘频繁项集，能够避免候选项集的生成及其带来的冗余计算。因此，FP 树不仅提高了挖掘效率，还减少了不必要的计算步骤，特别适用于处理大规模数据集。

3. 减少数据库扫描次数

FP 树的第三个优点是减少了数据库扫描次数，通常仅需两次扫描即可完成频繁项集的挖掘。与传统的 Apriori 算法相比，FP-Growth 算法显著减少了对数据库的访问次数。在 Apriori 算法中，每次生成候选项集后都需要对整个数据库进行扫描，以计算每个候选项集的支持度。这一过程对于大规模数据集来说，不仅计算量巨大，而且效率低下。

FP-Growth 算法通过 FP 树的结构能够将数据库扫描次数降至最低。第一次扫描数据库时，FP-Growth 算法仅需要计算每个项的支持度，并根据最小支持度筛选出频繁项。第二次扫描数据库时，FP-Growth 算法算法会构建 FP 树并将事务数据插入 FP 算法树中。完成这两次扫描后，频繁项集可以直接从 FP 树中挖掘出来。这种减少数据库扫描的设计对于大数据集来说具有显著优势。随着数据量的增加，数据库扫描的次数和计算量通常呈指数级增长，而 FP-Growth 算法的优化方案能够有效减少这种增长的影响，从而提高 FP-Growth 算法的可扩展性。

四、关联规则的生成

（一）关联规则生成集合

在生成关联规则之前，需要完成频繁项集的挖掘。频繁项集指的是在数据库中出现频率超过用户指定最小支持度阈值的项集。完成频繁项集的挖掘后，便可以基于这些项集生成关联规则。

关联规则的基本形式为：

$$A \rightarrow B$$

其中 A 和 B 是项集，A 表示前件，B 表示后件。

关联规则的含义是：如果 A 出现，那么 B 也很有可能出现。为了保证关联规则的有效性和准确性，通常会采用两个关键的评估指标——支持度和置信度。

支持度：某个项集在整个数据库中出现的频率，用来衡量项集的普遍性。

置信度：在满足规则的前提下，后件出现的概率，用来衡量关联规则的可靠性。

通过计算每一条候选规则的支持度和置信度，可以从频繁项集中生成大量的关联规则。然而，并非所有的生成规则都值得关注。为了提高关联规则的质量，通常以置信度作为筛选关联规则的标准。置信度是关联规则生成过程中一个非常重要的因素，用于确定关联规则是否具有足够的可靠性。如果一条关联规则的置信度低于预设的阈值，那么这条关联规则将被认为是不可靠的，并从候选规则集合中将其移除。

（二）关联规则生成优化方法

尽管通过频繁项集挖掘生成的关联规则可以揭示数据中的潜在关系，但在实际应用中，由于数据集规模庞大，生成的关联规则数量可能会非常庞大，导致计算和存储开销巨大。因此，如何高效地生成并筛选有价值的关联规则，成为数据挖掘中的一个重要课题。为了提高关联规则生成的效率和质量，常用的优化方法包括剪枝、提升度筛选以及结合统计学方法等。

1. 剪枝

剪枝是关联规则生成过程中一种重要的优化策略，旨在减少不必要的计算，提升生成规则的效率。剪枝的核心思想是：在生成候选规则时，可以根据先验知识或已有的计算结果，提前去除一些不满足条件的关联规则，避免对这些不符合要求的关联规则进行后续的计算。

具体而言，剪枝通常会根据置信度阈值进行关联规则筛选。如果某一条关联规则的置信度低于预设阈值，那么在后续的计算中将其移除，从而避免无效关联规则的生成和计算。此外，在生成候选规则时，若某一条关联规则的前件项集并不频繁，那么根据关联规则挖掘的基本原则，这条关联规则也很可能不具备较高的支持度和置信度，因此可以提前剪枝，减少不必要的计算量。

2. 提升度筛选

提升度（Lift）是衡量关联规则有效性的重要指标，用来评估关联规则的相关性。提升度的计算公式为：

$$\text{Lift}(A \rightarrow B) = \frac{P(A \cap B)}{P(A) \cdot P(B)} \tag{3-1}$$

其中，$P(A \cap B)$ 表示 A 和 B 同时发生的概率，$P(A)$ 和 $P(B)$ 分别表示 A 和 B 各自发生的概率。提升度大于 1，表示 A 和 B 之间存在正相关关系；提升度小于 1，表示 A 和 B 之间存在负相关关系；提升度等于 1，则表示 A 和 B 之间没有显著的关系。

通过提升度筛选，可以选择出具有较高提升度的关联规则，确保这些关联规则在数据中有较强的相关性和有效性。这种方法不仅能够提高生成规则的质量，还能避免生成无效或冗余的规则，从而提高计算效率和关联规则的可解释性。

3. 结合统计学方法

为了进一步提高生成规则的质量和可信度，可以结合统计学的方法，如卡方检验等对生成的关联规则进行评估。卡方检验是一种常见的用于检验两个变量是否独立的方法，在关联规则挖掘中可用于评估规则的显著性。

卡方检验通过比较关联规则的实际观察频率与期望频率之间的差异，从而判断关联规则的显著性。当卡方检验统计量的值较大时，表明观察到的规则与期望规则之间存在显著差异，可以认为这条规则在数据中有较强的关联性。通过卡方检验等统计方法，可以有效过滤那些看似具有一定支持度和置信度，但实际上并不具备显著关联性的规则，从而提高生成规则的可信度。

第二节 聚类算法与评估

一、聚类算法

（一）网格算法

网格算法是一种将数据空间划分为多个单元并对其进行数据处理和分析的方法。其核心优势在于通过简化数据结构和计算复杂度，显著提高处理速度。网格算法的计算成本通常与数据记录的数量无关，而是取决于数据空间的划分粒度（网格单元的数量）。由于这种方法避免了对所有数据点进行逐一计算，因此在处理大规模数据集时具有显著的性能优势。网格算法被广泛应用于数据挖掘、聚类分析、查询处理等领域。典型的网格算法包括 STING 算法、CLIQUE 算法和 WAVE-CLUSTER 算法等，它们在不同的应用场景中展现出独特的优势。

网格算法的主要优点在于高效性，尤其适用于处理大规模数据集。根据数据空间的划分，网络算法的计算过程仅依赖与查询相关的单元格，因此在处理速度上具有明显的优势。尤其是在数据分布比较均匀的情况下，合理的网格划分可以大幅减少计算量。此外，网格算法还具有较强的可扩展性，能够应对难度较高的空间数据处理问题。

然而，网格算法也存在一些不足。首先，网格算法对网格的划分策略较为敏感。网格的大小会直接影响算法的性能和聚类效果，较大的网格可能导致精度下降，而过小的网格则可能增加计算成本。其次，网格算法在处理数据空间高度不均匀或分布复杂的数据时，可能无法有效捕捉数据的潜在结构，这限制了其在某些应用场景中的表现。最后，虽然网格算法能够有效提高查询效率，但在处理变化频繁的数据时，网格结构的调整和更新可能产生额外的计算开销。

（二）DIANA 算法

DIANA 算法采用自顶向下的方式，逐步将一个整体簇分裂成多个子簇，直到满足预设的簇数目或距离阈值。此算法的核心思想是通过反复分裂簇的结构来进行数据分类，从而实现数据的有效聚类。DIANA 算法的基本流程是将所有对象初始化为一个整体簇，并通过一系列的分裂步骤逐步产生多个子簇。具体而言，输入包含 n 个对象的数据库以及用户指定的目标簇数 k。在初始阶段，将所有数据对象视为一个整体簇，并以此为基础进行后续的操作。在分裂过程中，算法首先挑选出直径最大的簇作为分裂的起点。直径在此处指的是簇内任意两点之间的最大距离，选择这样的簇有助于确保分裂后产生的子簇具有较好的区分度。

在选定了直径最大的簇之后，算法会识别出该簇内平均相异度最大的点，并将其移至一个新簇中，称为 splinter group；而剩余的点保留在原簇中，称为 old party。接下来，DIANA 算法逐步将 old party 中与 splinter group 相似度较低的点转移至 splinter group 中，直到没有新的点被分配为止。此时，原簇已经被有效地分裂为两个子簇，即 splinter group 和 old party，并且它们可与其他簇一起形成新的簇集合。

DIANA 算法的优点在于其明确的分裂结构，这使得聚类的过程具有较高的可控性。通过从大簇到小簇的分裂，DIANA 算法能够有效识别多维数据空间中显著的簇结构，从而提高聚类的精确度。此外，由于该算法在每一次操作中都需进行严格的分裂，因而聚类结果较为稳定。

（三）DBSCAN 算法

DBSCAN 算法通过密度来定义簇的边界，能够有效处理噪声和不同形状的聚类结构。其核心思想是利用密度连接来识别簇，即通过一个点及其邻域内的密度关系判断该点是否属于某一簇，从而实现数据的自动分组。DBSCAN 算法的输入参数包括 n 个对象的数据库、半径 ε，以及最小邻域数 MinPts。DBSCAN 算法的运行流程是先从 n 个对象的数据库中选择一个未处理过的点进行处理。如果该点是核心点（其邻域内至少包含 MinPts 个点），则以该点为中心，寻找所有密度可达的点并将它们归为同一簇。核心点及其邻域内的点通过密度可达关系连接，形成聚类结构。如果抽取的点不是核心点，则该点被标记为边缘点或噪声点，DBSCAN 算法会跳出当前循环并寻找下一个未处理的点。该过程会持续进行，直到数据库中所有的点都被处理过为止。

DBSCAN 算法具有较强的灵活性，使其在处理复杂数据时尤为有效。首先，DBSCAN 算法具有较强的抗噪声能力，由于噪声点被单独处理，不会干扰到聚类过程，因此，DBSCAN 算法能够在含有大量噪声点的数据中仍然保持较高的聚类精度。其次，DBSCAN 算法能够处理各种形状和大小的簇，特别适用于不规则形状的簇。在传统基于划分或层次的聚类方法中，通常假定簇的形状是球形或凸形，但由于 DBSCAN 算法能够通过密度连接识别形状更加复杂的聚类结构，因此在实际应用中表现出更强的灵活性。

二、聚类评估

聚类评估旨在估计数据集进行聚类的可行性和聚类结果的质量，主要包括估计聚类趋势、确定数据集中的簇数和测定聚类质量的度量。

（一）估计聚类趋势

聚类趋势的估计是评估数据集是否具有可以揭示潜在结构的非随机分布。通过估计聚类趋势，研究者能够判断数据集是否存在足够的内在规律，从而为后续的聚类分析提供理论依据。倘若数据集存在某种形式的非随机分布，聚类趋势的估计可以有效地揭示数据集中潜在的群组或簇。这一过程需要详细分析数据集的空间分布特征，确保在进行聚类趋势的估计之前，数据集确实呈现出一定的非随机分布模式。若数据集在空间中均匀分布，且无明显的聚集现象，那么即使应用聚类趋势评估方法，所得的结果亦难以提供有价值的信息。此时，聚类趋势的评估不仅缺乏实际意义，甚至可能误导分析者得出错误的结论。因此，通过应用诸如霍普金斯统计量等空间统计方法，研究者能够有效地评估数据集的聚类趋势，从而检测数据集分布的非随机性，进而决定是否进行进一步的聚类分析。

（二）确定数据集中的簇数

确定数据集中的簇数决定了聚类算法的有效性与准确性。簇数的选择直接影响聚类结果的质量，因此，在应用聚类评估方法时，正确估计簇数具有重要的实际意义。一般来说，簇数可以被视为数据集的一个重要概括性度量，它反映了数据集的内在结构和分布特征。准确的簇数估算不仅有助于提高聚类评估的精度，还能为后续的数据处理与分析提供指导。

常见的簇数估计方法包括实验法和肘部法。实验法通过对数据集中的点数进行简单的计算，从而提供一个理论上的簇数估计值。虽然这种方法能够给出一个粗略的簇数参考，但它并不能反映数据集的实际结构特征，因此通常需要与其他方法结合使用。肘部法通过分析簇内方差之和的变化趋势来确定最佳簇数。随着簇数的增加，簇内方差之和会逐渐减小，但超过某个临界点后，增加簇数所带来的方差降低幅度会显著减小，表现为"肘部"效应。此时，肘部法能够有效地确定最佳簇数。肘部法还可以结合轮廓系数对聚类结果进行综合评估。轮廓系数通过分析簇的紧凑性与分离性，能够量化簇间的区分度及簇内的紧密度，从而为簇数确定提供更为可靠的依据。

（三）测定聚类质量的度量

测定聚类质量的度量是为了量化聚类评估在数据集中的表现，并通过不同维度的评估来检验聚类的合理性与准确性。测定聚类质量的度量方法一般可分为外在方法和内在方法两大类，二者各有特点，适用于不同的分析情境。

外在方法属于有监督的评估方法，其依赖于已知的基准聚类进行比较。这类方法通过将聚类结果与专家构建的理想聚类进行比对，并借助某种聚类质量度量对其进行评分。外在方法的核心在于基准的构建与标注，其质量直接影响到聚类评估的有效性。内在方法则是无监督评估，侧重于通过数据本身的特征来评估聚类质量。常见的内在度量如轮廓系数，主要考察簇的分离性与紧凑性，从而在没有任何先验标签的情况下，评估聚类结果的合理性。

聚类质量的具体维度可以从多个方面进行衡量，主要包括簇的同质性、簇的完全性、碎布袋性以及小簇保持性。簇的同质性反映了聚类中的簇是否纯净，即簇内的对象是否具有较高的一致性，高同质性的簇通常意味着聚类结果较为有效，低同质性的簇可能表明聚类结果过于分散或存在混杂的情况；簇的完全性与同质性密切相关，它要求属于同一类别的对象应当被归入同一簇，以确保聚类的完整性；碎布袋性避免将噪声或异常值进行错误聚类，即不应将异构对象误归为某一纯聚簇，避免出现无意义的"杂项"；小簇保持性强调，在聚类过程中应尽量保持小簇的稳定性，避免因过度细分而损失数据集的本质结构。

三、基于网格索引的云海大数据模糊聚类方法

（一）云海大数据网格索引建立

空间信息技术的发展和数据采集手段的多元化促使空间数据的规模呈几何级增长。如何有效地组织和管理海量空间数据，使其发挥最大效益，已成为迫切需要解决的问题。空间索引的检索性能决定了空间数据组织与管理的

效率，直接影响后续的分析与使用[1]。空间索引通过对数据对象的位置信息与分布特征进行精准编排，使其按照特定规则排布，从而提高数据查询与访问的效率。网格索引作为常见的一种空间索引形式，其核心在于空间网格的划分方法。该方法将云海大数据空间划分为若干均匀或非均匀的网格单元，可以有效地对数据对象进行分类与存储，从而便于后续的快速定位与访问。网格索引建立的关键是空间网格划分，以云海大数据空间数据库的左上角作为坐标原点，将云海大数据空间数据库均等划分为 $M \times N$ 个网格单元，再将所得的数据对象分块记作 $Bl[k, j]$，其中 $0 \leqslant k < N, 0 \leqslant j < M$，数据网格的划分如图 3-1 所示[2]。

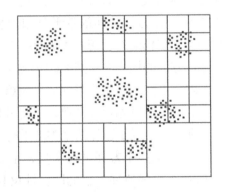

图 3-1　数据网格划分图示（二级 3×3）

将数据网格划分得到的 $M \times N$ 个网格分块作为云海数据桶，并将编号为 i 的数据桶记作 $Bu[i]$。数据桶 Bu 与数据对象分块 Bl 之间为一一对应的关系，其映射关系可表示为：

$$Bu[i] \longleftrightarrow Bl[i / M, i \bmod M]，\quad 0 \leqslant i < M \times N$$

在网格索引机制下，云海大数据结构主要由数据桶列表和数据对象单链表两部分构成。数据桶列表承担着对空间数据进行初步分类与组织的职责，通过划分不同的空间区域存储数据对象，从而实现数据的有效分布与检索。数据对象单链表作为数据桶内的具体存储结构，用于组织单个空间区域中的数据对象，以确保数据对象之间的顺序性与访问的高效性。此结构设计优化

---

① 韦祎 . 面向海量数据检索的矢量空间索引 [D]. 徐州：中国矿业大学，2022：4.

② 康耀龙，冯丽露，张景安 . 基于网格索引的云海大数据模糊聚类方法仿真 [J]. 计算机仿真，2019，36（12）：342-343.

了数据存取过程，提升了系统整体的查询性能与存储管理能力。云海大数据网格索引的基本结构如图 3-2 所示。

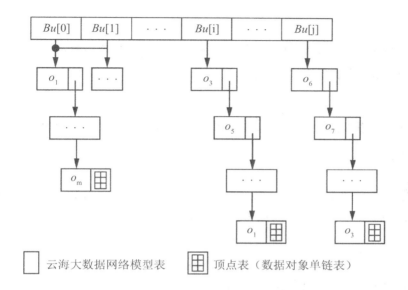

云海大数据网络模型表 □ 顶点表（数据对象单链表）

图 3-2 云海大数据网格索引结构图示

云海大数据空间的网格划分情况，直接影响后续数据模糊聚类的时效性与空间利用率，且对模糊聚类的精度影响较大。可根据实际应用需求，选择合适的云海大数据网格划分级别，以保证数据网格索引达到良好的效果。

一级网格索引机制的基本过程为：将云海大数据空间在水平及垂直方向分别等分为 M 份和 N 份，可得到 $M \times N$ 个分块，且每个分块为一个数据桶，若分块内不存在待检索数据对象，仅需一次检索；反之，若分块内包含待检索数据对象，当云海大数据空间中元素点阵为 $m \times n$ 时，需进行的检索次数为 $\frac{m}{M} \times \frac{n}{N} + 1$ 次。

根据相关定义，如果直接在整个云海大数据空间内进行检索，则需要检索空间内的全部数据元素，此时检索次数为 $m \times n$ 次。若数据网格索引机制 A 的检索次数少于索引机制 B 的检索次数，说明索引机制 A 的效果优于索引机制 B 的效果。

根据网格索引定理与相关研究结果可知，当云海大数据空间内数据元素的分布特征指数较小时，一级网格索引机制的效果优于传统网格索引机制的效果。假设一级网格划分后的各数据桶内所含数据元素数量为 K，则计算公式如下：

$$K = \frac{m \times n}{M \times N} \qquad (3-2)$$

当仅考虑单一空间对象时，云海大数据空间内数据元素被空间对象 o_x 覆盖的概率 q，可利用下式计算：

$$q = 1 - p \qquad (3-3)$$

p——空间对象被云海大数据中的空间数据元素所覆盖的概率。

因此，对于任一数据对象，$o_x \notin Bu[i]$ 及 $o_x \in Bu[i]$ 的概率分别为 q^k 和 $1 - q^k$。

假设云海大数据划分后得到的各数据桶内，数据元素的检索次数为 X，那么该随机变量的数学期望值 $E(X)$ 的计算公式如下：

$$E(X) = \frac{1}{K} q^k + \left(1 + \frac{1}{K}\right)\left(1 - q^k\right) = 1 - q^k + \frac{1}{K} \qquad (3-4)$$

此时 $m \times n$ 个云海大数据元素被检索次数 c' 的计算式如下：

$$c' = m \times n \times E(X) \qquad (3-5)$$

在 p 值较小的情况下，q 值近似于 1，此时检索次数的期望值仅由 K 值决定，通过 K 值调节，即可保证网格索引机制的效果。

根据先验知识，若 $p < 0.2929$，则仅需进行一次网格划分，得到的网格索引机制即可取得较好的效果，否则需要进行二级、三级甚至多级网格划分，以构建新的网格索引机制。具体过程同上，多级网格划分如图 3-3 所示。

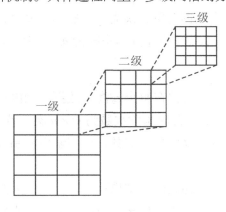

图 3-3　多级网格划分图示

网格划分级数并非越多越好，而是根据实际需求进行选择与确定，在保证索引效果的同时，也需避免空间消耗过大。

（二）基于网格索引的云海大数据模糊聚类的步骤

在云海大数据网格划分的基础上，利用下式计算网格中心：

$$A_{k'} = \frac{\sum\limits_{x_i \leq G_{k'}} X_i}{d\left(G_{k'}\right)} \qquad (3-6)$$

式中　$A_{k'}$——$G_{k'}$ 网格的抽象中心点；

X_i——网格内云海的大数据向量；

$d\left(G_{k'}\right)$——网格内云海的数据分布密度。

X_i——某种空间数据元素的值。

以网格内数据点与 $A_{k'}$ 之间的最远距离为数据分布半径 $R_{k'}$，计算式如下：

$$R_{k'} = \max_j \left\{ \left\| X_i - A_{k'} \right\|^2 \right\} \qquad (3-7)$$

根据网格内数据分布密度与预设密度阈值 τ_c，将满足约束条件的云海大数据网格合并，以形成新的云海大数据网格并做好记录。新的云海大数据网格中心与数据分布半径的计算公式如下：

$$A_{k'}{}' = \frac{A_i d\left(G_i\right) + A_j d\left(G_j\right)}{d\left(G_i\right) + d\left(G_j\right)} \qquad (3-8)$$

$$R_{k'}{}' = \max\left\{R_i, R_j\right\} + \frac{\left\| A_i - A_j \right\|^2}{2} \qquad (3-9)$$

式中　A_i——第 i 个节点的特征向量或属性向量；

A_j——第 j 个节点的特征向量或属性向量；

$d\left(G_i\right)$——G_i 的度数；

$d\left(G_j\right)$——G_j 的度数；

R_i——G_i 的半径或紧密度度量；

R_j——G_j 的半径或紧密度度量。

对于云海大数据分布密度较大的网格，为其构建邻接表，并据此考察邻近的、数据分布密度较小的网格中的数据点，判断这些数据点到数据密度较大的网格中心点的距离，如果满足设置的距离阈值 τ_d 的要求，则将该数据点纳入数据密度较大的数据块中，同时重新调节网格内数据簇的中心点与半径。通过上述操作过程，可对云海大数据网格的僵硬边界进行柔化，使原本被网格边界分割出去的数据自然簇内的部分数据回归到原簇，从而提高云海大数据模糊聚类的准确性。在边界柔化处理过程中，每纳入一个数据点 X_i，得到的新网格中心与数据分布半径表达式如下：

$$A_{k'}* = \frac{d\left(G_{k'}{}'\right) + X_i}{d\left(G_{k'}{}'\right) + 1} \tag{3-10}$$

$$R_{k'}* = \max\left\{ R_{k'}{}', \left\| X_i - A_{k'}{}' \right\|^2 \right\} \tag{3-11}$$

通过以上的云海大数据网格合并与边界柔化处理，即可实现云海大数据的模糊聚类。为进一步提高数据聚类结果的准确性，可对所得各数据簇中的数据点进行隶属度计算，再根据隶属度计算结果与预设隶属度阈值 τ，判断模糊聚类后簇内数据点归属于对应数据簇的隶属值，将错误划分到数据簇内的数据点，重新归类到其所属数据簇内。

第三节　分类预测及人工神经网络

一、分类预测

（一）规则分类器

1. 规则分类器的算法原理

规则分类器是一种通过构建"如果……则……"形式的规则集来实现数据分类的技术。这种分类模型既可以将数据集进行分类，也能用于对未知类别数据的分类。

分类模型的规则集 R，可以用析取范式 $R = \left(r_1 \vee r_2 \vee \cdots \vee r_k \right)$ 表示，r_i 是每一个分类规则或析取项，具体表示为 r_i：（条件 i）$\rightarrow y_i$。规则的左边

称为规则前件或前提，它是属性测试的合取范式：条件 $i = (A_1 \text{ op } v_1) \wedge (A_2 \text{ op } v_2) \wedge \cdots \wedge (A_k \text{ op } v_k)$，每一个属性测试 $(A_j \text{ op } v_j)$ 为一个合取项，其中 A_j, v_j 是属性 – 值对，op 是比较运算符，取自集合 $\{=, \neq, <, >, \leqslant, \geqslant\}$。规则右边称为规则后件，包含预测类 y_i。

如果规则 r 的前件和记录 x 的属性相匹配，则称 r 覆盖 x。当 r 覆盖给定的记录时，称 r 被激发或触发。

分类规则的质量可以用覆盖率和准确率来度量。给定数据集 D 和分类规则 r：$A \rightarrow y$，覆盖率定义为数据集 D 中触发分类规则 r 的记录所占比例：

$$\text{Coverage}(r) = \frac{|A|}{|D|} \qquad (3-12)$$

准确率或置信因子定义为触发 r 的记录中类标号等于 y 的记录所占的比例：

$$\text{Accuracy}(r) = \frac{|A \cap y|}{|A|} \qquad (3-13)$$

式中　$|A|$——满足规则前件的记录数；

　　　$|A \cap y|$——同时满足规则前件和后件的记录数；

　　　$|D|$——记录总数。

2. 规则分类器产生规则集的性质

规则分类器生成的规则集具有两个重要性质，即互斥规则和穷举规则。这两个性质直接影响规则分类器的覆盖能力和分类精度，是构造高效分类模型的重要理论基础。

互斥规则：如果规则集 R 中不存在两条规则被同一条记录触发，则称规则集 R 中的规则是互斥的。这个性质可确保每条记录至多被规则集 R 中的一条规则覆盖。

穷举规则：如果对属性值的任意组合，规则集 R 中都存在一条规则加以覆盖，则称规则集 R 具有穷举覆盖。这个性质可确保每一条记录都至少被规则集 R 中的一条规则覆盖。

互斥规则与穷举规则共同作用，保证每一条记录仅被一条规则覆盖。

3. 规则分类器的特征

（1）规则集的表达能力与决策树基本等价

从理论层面分析，规则分类器与决策树分类器具有相当的表达能力。这是因为决策树分类器可以被转换为一组互斥且穷举的规则集，即每条路径从根节点到叶节点都可以表示为一条规则。因此，规则分类器与决策树分类器在本质上都对属性空间进行划分，并通过划定决策边界来进行分类。然而，规则分类器在某些情况下可以突破决策树分类器的限制。例如，若允许单个数据记录同时匹配多条规则，则可以构建更复杂、更灵活的决策边界，从而提高模型的表达能力和适应性。

（2）具有良好的可解释性，且分类性能可与决策树媲美

规则分类器常用于构建描述性模型，即该类方法不仅关注分类性能，还强调规则的可读性和可解释性。由于规则集通常由"如果……那么……"的逻辑表达式组成，这种形式使得模型的决策过程更加直观，便于人们理解和分析。因此，在需要模型可解释性的应用场景中（如医学诊断、信用评估等），规则分类器具有明显的优势。尽管规则分类器主要强调可解释性，但其分类性能通常可以与决策树分类器相媲美，甚至在某些数据分布特征较为复杂的任务中表现更优。

（3）适用于处理类别分布不平衡的数据集

许多规则分类器采用了类别导向的规则排序策略，这种方法在应对类别分布不均衡问题时表现出较强的适应性。在类别不均衡的数据集中，某些类别（通常是少数类）可能被主流分类器忽视，而基于规则的分类方法可以通过调整规则，生成顺序或赋予少数类规则更高的优先级，从而提高对少数类规则的识别能力，以减少类别偏差。因此，在涉及欺诈检测、疾病预测等数据不均衡问题严重的任务中，规则分类器具有较大的应用价值。

4. 建立规则分类器

为了建立规则分类器，需要提取一组规则来识别数据集的属性和类标号之间的关键联系。提取分类规则的方法有两大类：

（1）直接方法

直接方法是指直接从原始数据集中提取分类规则，无须依赖其他复杂的分类模型。这种方法的基本思想是将属性空间划分为多个较小的子空间，确保同一子空间内的所有记录数据，可以用一条统一的分类规则进行分类。例如，基于关联规则的分类，如 Apriori 算法，可以从数据集中挖掘高频模式，并将其转换为分类规则。此外，基于覆盖的规则学习方法，如 RIPPER 和 CN2 算法，也属于直接方法，它们可以通过迭代地生成规则并剪枝来优化分

类性能。直接方法的优势在于其生成的规则通常可读性较强，便于理解和解释。然而，由于数据空间可能非常复杂，直接方法在处理高维数据时，可能面临规则泛化能力不足的问题。

（2）间接方法

间接方法则是先利用其他分类模型（如决策树、神经网络或支持向量机）进行训练，然后从训练好的模型中提取分类规则。例如，从决策树（如C4.5或CART）中可以直接转化出"如果……那么……"形式的规则，其中每条路径代表一个分类规则。此外，神经网络和支持向量机这类黑箱模型，虽然具有较强的分类能力，但缺乏可解释性，而间接方法可以从神经网络中提取可读的分类规则，使复杂的分类模型变得更加透明和易于解释。相较于直接方法，间接方法可以利用更强大的学习模型来获得更高的分类准确率，同时通过规则提取能够提高模型的可解释性。然而，由于规则提取依赖已有的复杂模型，规则的可读性和简洁性可能会受到一定的影响。

（二）贝叶斯分类器

贝叶斯分类器是一类基于贝叶斯定理的统计分类方法，其基本原理是，当已知某对象类属性的先验概率时，可利用贝叶斯定理计算其后验概率，即该对象属于某一类属性的概率，并选择后验概率最大的类别作为最终的分类结果。因此，贝叶斯分类器是一种在最小错误率的意义上进行优化的分类方法。

贝叶斯分类是一种监督学习算法，通过已有的样本数据对分类模型进行训练（每个样本数据都包含一个特征列表和对应的类别标签），然后应用训练好的模型对新的样本进行分类。在实际应用中，贝叶斯分类器因其计算效率高、适用范围广，常被用于文本分类、垃圾邮件过滤、医学诊断等场景。

目前，研究和应用较多的贝叶斯分类器主要如下：

朴素贝叶斯分类器：该分类器假设不同特征之间相互独立，计算简单，适用于高维数据的分类任务。

贝叶斯网络分类器：该分类器通过图模型表达特征变量间的概率依赖关系，适用于特征变量间存在复杂依赖关系的情况。

贝叶斯最优分类器：该分类器在理论上最优，但计算复杂，实际应用受限。

其中，朴素贝叶斯分类器因其高效性、易实现、计算量小等优点，成为应用最广泛的一种贝叶斯分类方法。因此，以下将详细阐述朴素贝叶斯分类器的原理及应用。

1. 朴素贝叶斯分类算法

朴素贝叶斯分类算法在实践中应用性能较好，其定理能够衍生出许多相关技术。采用贝叶斯技术实施数据划分被称为贝叶斯分类，根据贝叶斯分类算法创建的分类模型则称为朴素贝叶斯分类器。该分类模型的综合性能相比于其他分类算法的综合性能更优，且自身具有独特性。朴素贝叶斯分类器的原理是先获取目标的先验概率，再通过公式得到后验概率，即获得该目标的归属类别概率，最终将拥有后验概率极大值的类别设定成该目标的预测结果。

朴素贝叶斯分类算法作为贝叶斯分类策略，具备算法程序简单与计算效率快速的算法特征，因其在对分类方法进行构建、优化时，具有稳定性强、准确度与效率较高等优势，近年来被广泛应用于现实生活中。图 3-4 为朴素贝叶斯分类算法示意图[1]。

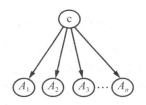

图 3-4　朴素贝叶斯分类算法示意图

在图 3-4 中，$A_1, A_2, A_3, ..., A_n$ 表示每个特征矢量的分量，C 表示算法的控制变量。通过上图可以看出，所有特征矢量的分量均独立地作用于同一个控制变量，也就是说，相对于 C，$A_1, A_2, A_3, ..., A_n$ 为相互独立状态。基于该独立特性设定，可根据朴素贝叶斯分类算法完成变量解析。

若存在数据样本 $X = \{x_1, x_2, x_3, ..., x_n\}$，其中含有 m 个分类 $C_1, C_2, C_3, ..., C_m$，若划分该数据样本 X，假设对于任意分类 C_i 使下式成立，在此假设条件下，数据样本 X 会被划分至 C_i 内：

$$P(C_i|X) > P(C_j|X) \qquad (3-14)$$

---

① 康耀龙，冯丽露，张景安. 基于朴素贝叶斯的分区域异常数据挖掘研究 [J]. 计算机仿真，2020，37（10）：303-306+316.

式中，i 和 j 分别满足 $1 \le i, j \le m$，且 $j \ne i$。

贝叶斯定理的公式如下式所示：

$$P\left(C_i\middle|X\right)=\frac{P\left(X\middle|C_i\right)P\left(C_i\right)}{P\left(X\right)} \tag{3-15}$$

由于 $P(X)$ 为常数，若 $P\left(X\middle|C_i\right)P\left(C_i\right)$ 取极大值，则可获得 $P\left(C_i\middle|X\right)$ 的最大值。由于通常情况下 $P\left(C_i\right)$ 也为一个常数，因此，$P\left(C_i\middle|X\right)$ 与 $P\left(X\middle|C_i\right)$ 成正相关的关系。根据设定的独立特性，求解 $P\left(X\middle|C_i\right)$ 值，如下式所示：

$$P\left(X\middle|C_i\right)=\prod_{k=1}^{n}P\left(X_k\middle|C_i\right) \tag{3-16}$$

其中，经过数据样本统计后，能够获取上式中的 $P\left(x_1\middle|C_i\right),P\left(x_2\middle|C_i\right),...,$ $P\left(x_n\middle|C_i\right)$。通过求解得到 $P\left(X\middle|C_i\right)$ 的值，并计算 $P\left(X\middle|C_i\right)P\left(C_i\right)$ 的值，当二者满足不等式（3-14）时，将数据样本 X 划分到 C_i 中，此时数据样本 X 被划分至令 $P\left(X\middle|C_i\right)P\left(C_i\right)$ 值极大化的类别内。

基于数据样本可以获得先验概率，若在所有样本的任一观测样本库或训练集合 D 的分类中，未显现过某个分量，那么检测案例的运算结果为 0。当对先验概率进行计算时，平滑处理通常采用拉普拉斯修正，以防止训练集合 D 内从未显现过的特征值消除其他特征所含的信息。若将训练集合 D 内可能的类别数量设定为 N，第 i 个特征可能的取值数量记为 N_i，那么可以得到如下修正结果：

$$P\left(C_i\right)=\frac{\left|D_c\right|+1}{\left|D\right|+N} \tag{3-17}$$

$$P\left(X\middle|C_i\right)=\frac{\left|D_{c,xi}\right|+1}{\left|D_c\right|+N_i} \tag{3-18}$$

由于训练集合 D 内的样本不充分会导致概率估计值为 0，根据上式可知，采用拉普拉斯修正可以合理地解决上述问题，且当训练集合 D 增加时，该修正阶段应用的先验效应会被慢慢忽略，从而令估算数值逐渐向实际概率数值无限靠近。

2. 基于朴素贝叶斯的分区域异常数据挖掘

异常数据通常被称为离群数据，而异常检测也被称为偏差检测或例外挖掘。在数据分析过程中，部分异常数据可能属于"脏数据"，即那些与实际事件不相符或存在误差的数据。然而，在某些特定领域，小概率数据往往蕴含更高的探索价值，能够揭示出隐藏的规律或提供关键性的信息。因此，对异常数据的挖掘不仅是提升数据质量的重要环节，还是深入分析和发现潜在模式的关键研究方向，在实际应用中具有重要的价值和意义。

有学者提出，利用区域划分的多密度快速聚类算法对异常数据进行挖掘。该算法可将不同密度的网格进行分簇。计算每个位置时，可利用簇的边界网格中心、边界网格和最近簇网格中心之间的关系，排除不同密度网格中的异常数据，完成异常数据挖掘，但多密度快速聚类算法对异常数据挖掘的精度较差[①]。

一种基于多维数据集的异常子群发现技术，能够分辨数据集中存在的异常数据。该技术通过对多维数据集中特定子群的定位，在候选数据产生阶段以及查询交互阶段，根据异常数据索引结果，利用基于多维数据集的异常子群算法框架，可以快速而准确地返回给定查询对应的异常子群，以及对应的异常数据，但对异常数据的提取结果并不完全[②]。

另一种基于流形非负矩阵三分解的多类型关系数据联合聚类方法，在对数据进行联合聚类的同时，能有效地对异常数据进行筛选。该方法通过分解相关性构造关联矩阵，获取实体联合聚类指示矩阵并输入非负矩阵分解。利用正则化筛选数据类型间关系与内部关系的异常数据，但该方法对异常数据的挖掘时间较长[③]。

为解决现有方法在应用中存在的局限性，可以采用一种基于朴素贝叶斯的分区域异常数据挖掘方法。该方法结合贝叶斯定理与拉普拉斯修正法，推导出优化后的朴素贝叶斯修正公式，并通过误差对比实现数据分类，从而有效缩短了数据挖掘的计算时间。基于分簇原理，该方法能够精准识别分区域中的异常数据，并利用所获取的异常数据概率逻辑关系进行集合化运算。通过对数据节点的概率化瞬态计算，能够实现对分区域异常数据的高精度挖掘，从而提升数据分析的准确性和效率。

① 牛少章，欧毓毅，凌捷，等.利用区域划分的多密度快速聚类算法 [J].计算机工程与应用，2019，55（18）：61-66+102.

② 张静恬，伍赛，陈刚，等.基于多维数据集的异常子群发现技术 [J].计算机学报，2019，42（8）：1671-1685.

③ 黄梦婷，张灵，姜文超.基于流形正则化的多类型关系数据联合聚类方法 [J].计算机科学，2019，46（6）：64-68.

（1）异常数据混沌特征序列分析

异常数据最显著的特征之一是其混沌性，将混沌特征作为核心挖掘指标，有助于提升异常数据的识别与分析能力。混沌特征不仅是异常数据所独有的属性，同时也满足数据波动规律与内部相关性要求，因此在数据挖掘过程中能够减少不必要的检验次数，从而提高计算效率。

通过构建异常数据特征序列，可利用混沌特征关系揭示数据内部的异常模式，进而提取异常特征，形成高效的数据异常检测集合。在此基础上，可将异常数据的混沌特征映射至不同分类频点，并依据概率分析方法构建随机数序列。该序列不仅能够有效描述数据的混沌特征，还能实现对异常数据的精准采集和深度分析。

由于异常数据可以满足概率密度随机调频要求，假设 $x(n)$ 为异常数据序列，分析偏差表示为 τ。当重构数据时，其对应的映射 m 维假想空间里将出现 m 维向量，如下所示：

$$x(n) = \left\{ x(n), x(n+\tau), ..., x\left(n+(m-1)\tau\right) \right\} \tag{3-19}$$

式中的 n 取值为 $n = 1, 2, ..., N$。采集位于该映射 m 维假想空间中的一维数据向量 $X(n)$，采取点形式对其进行描述，$X_\eta(n)$ 表示与向量 $X(n)$ 间距极小的点，且两点的间距度量用欧几里得距离表示。

如果在异常数据序列映射得出的假想空间中，维度从 m 逐渐增加至 $m+1$ 时，则在假想空间中，点与其间距极小的点之间的距离表达公式如下所示：

$$
\begin{aligned}
R_{(m+1)n} &= \left\| X_{\eta(n)} - X_n \right\|_2^{(m+1)} \\
&= \sqrt{\sum_{l=0}^{m} \left(X_{\eta(n)+l\tau} - x_{n+l\tau} \right)^2} \\
&= \sqrt{\left[\left\| X_{\eta(n)} - X_n \right\|_2^{(m)} \right]^2 + \left[X_{\eta(n)+m\tau} - x_{n+m\tau} \right]^2}
\end{aligned}
\tag{3-20}
$$

将分类异常数据设定成 Q_s，初始数据设定成 Q_0，通过比较分析两个数据的偏差 S，便可以对异常概率分析映射的分类结果做出明确判定。其中，偏差 S 的计算公式如下所示：

$$S = \frac{\left| \langle Q_s \rangle - Q_0 \right|}{\sigma_s} \tag{3-21}$$

式中，N 批概率分析映射数据下评价统计量数值的平均值为 $\langle Q_s \rangle$，其判断统计量数值的均方差为 σ_s，可得出下列公式：

$$\sigma_s = \sqrt{\frac{1}{N-1}\sum_{i=1}^{n}\left(Q_i - \langle Q_s \rangle\right)^2} \qquad （3-22）$$

采用 Sigma 准则对初始数据处于随机状态下 S 的取值范围做出验证，通过将不同概率分析映射异常数据 Q_s 值的概率分布设定成正态分布，可得到下列公式：

$$p(Q_s) = \frac{1}{\sqrt{2\pi}\sigma_s}\exp\left[-\frac{\left(Q_s - \langle Q_s \rangle\right)^2}{2\sigma_s^2}\right] \qquad （3-23）$$

$$\int_{-\infty}^{\infty} p(Q_s)dQ_s = 1 \qquad （3-24）$$

如果想要对异常数据分类策略的概率分析估计区间和否定区间进行优化，即改进 $p(Q_s) \sim Q_s$ 的曲线，对概率分析映射划分进行挖掘，那么要保证 S 值足够大，且 Q_s 分布与 Q_0 相差较大。若估计度是 96%，则否定概率分析映射划分的几率是 $\alpha = 4\%$，根据相关信息对其进行判定，可以得出下列结论：

第一，当 $S \geqslant 1.5$ 时，否定概率分析映射分类依据的概率是 95%，此时初始异常数据是混沌特征数据；

第二，当 $S < 1.5$ 时，符合概率分析映射分类，初始异常数据不具有混沌数据特征。

基于对混沌特征数据的划分，将所有数据进行合理分区，以提升异常数据的挖掘性能。首先在所有序列里对初始的 n 个数据序列进行采集，并结合分簇法将其分类为 n 个簇 $\{P_1, P_2, ..., P_n\}$，将数据分簇后的区域个数表示为 n，待所有簇质心 $C_j (j = 1, 2, ..., n)$ 实施初始化后，计算所有相关权重，并将权重序列逐个分类至各个簇中，再通过对序列 S_i 到各簇质心 C_j 近似函数 $Sim(S_i, C_j)$ 的计算，将 S_i 划分至簇 P_j 中，且簇 P_j 满足 $Sim(S_i, C_j)$ 值为极小值，最后对新形成的簇 P_j、簇质心 C_j 与所有相关权重进行调整。

若不同分区域存在类似的序列，则会提高比部分支持数高的概率与部分频繁序列数，使整体候选集合 U（即 LP_j 的并集）的序列数也有所提升。针对同样的数据集合 D，由于其分区域整体频繁序列数均是 N，因此，整体频繁序列子集合 I（即 LP_j 的交集）的序列数要大于 N，且略微类似。所以，$U - I$ 的待查序列数将随着集合 U 序列数的增加而增多。

（2）朴素贝叶斯分类算法在异常数据挖掘中的应用

分区域异常数据挖掘的过程通常包括特征提取、数据预处理、分析、分类、特征上传及建模等内部步骤。由于分区域异常数据通常分布较为零散，深入分析分区域异常数据的数量和类型趋势，可以对异常数据进行有效的分类。通过运用概率化的异常数据挖掘方法，不仅能够显著缩短挖掘的时长，还能提高挖掘的精准度。在这一过程中，朴素贝叶斯分类算法的拓扑特征逻辑策略发挥了关键作用。该策略基于数据的拓扑关系进行概率化逻辑变换，从而优化不同数据特征的处理方式，进一步明确异常数据挖掘的必要条件，构建起一套高效的异常数据挖掘架构，最终实现更为精准的挖掘结果。采用朴素贝叶斯分类算法的拓扑特征逻辑策略对分区域异常数据进行计算和特征挖掘，有助于为挖掘模型的初步创建提供坚实的基础。

该逻辑策略关系为如下所示的双子集合式：

$$\int \tilde{P} = \begin{cases} P(a_1) \sum_{i \in n}^{b_1} (a_i b^n) \forall \\ P(a_2) \sum_{i \in n}^{b_2} (a_i b^n) \forall \\ P(a_3) \sum_{i \in n}^{b_3} (a_i b^n) \forall \\ \vdots \\ P(a_n) \sum_{i \in n}^{b_i} (a_i b^n) \forall \end{cases} \quad （3-25）$$

式中，数据分类集合为 a，挖掘特征限制因素集合为 b，特征分类量系数为 n，概率常量为 l。若上式作为前提条件使下式（3-26）成立，说明分区域异常数据特征模型完成架构。为解决现有挖掘方法中存在的挖掘量过小、精度偏低等问题，在其深度和广度处理上，改进朴素贝叶斯方案，可得到概率数据设计法。触发关系表示为：

$$hre_n = P \begin{pmatrix} a_1 \\ a_2 \\ \vdots \\ a_n \end{pmatrix} \Bigg|^{\infty} \sum p(f)$$

$$（3-26）$$

为实现对异常数据的高精度挖掘，则需在朴素贝叶斯分类算法的拓扑特征逻辑策略中引入数据动态提取方法，以便对计算过程进行瞬态化处理，因此，可将基于朴素贝叶斯的数据补偿算法选定为核心方法，实时扫描并检验异常数据节点。

若任一分区域数据空间是 X，且其中有多个动态数据源 $A,B,C,...,N$，各数据源内又存在不同的外围动态节点 $A_1,A_2,A_3,...,A_n$、$B_1,B_2,B_3,...,B_n$、$C_1,C_2,C_3,...,C_n$ 以及 $N_1,N_2,N_3,...,N_n$ 等，则概率化瞬态计算上述特征节点使下式的均衡关系成立：

$$X = \begin{cases} A \\ B \\ C \\ \vdots \\ N \end{cases} \Rightarrow \sum_{I \in N} \begin{pmatrix} A_1,A_2,A_3,...,A_n \\ B_1,B_2,B_3,...,B_n \\ C_1,C_2,C_3,...,C_n \\ \vdots \\ N_1,N_2,N_3,...,N_n \end{pmatrix} \subseteq N_n^{\infty} \qquad (3-27)$$

通过以上步骤完成基于朴素贝叶斯的分区域异常数据挖掘。

二、人工神经网络

人工神经网络（ANN）是从生物神经网络的研究成果中获得启发。它尝试通过模拟生物神经系统的结构及其网络化的处理方法和信息记忆方式，由大量处理单元互连，组成一个非线性的、自适应的动态信息处理系统，以此实现对信息的处理。

（一）人工神经网络的优势

人工神经网络在信息处理领域，展现出与传统计算机技术截然不同的优势，特别是在解决复杂的非线性问题方面，相较于传统的计算方法具有显著的优越性。

1. 并行性

传统计算方法通常基于串行处理的理念，这种方法将计算和存储视为相对独立的两大模块，由于其计算速度受限于存储器与运算器之间的连接能力，因此，传统计算方法的运算效率较低，难以高效处理大规模的数据。而人工神经网络则具有高度并行化的特性。在人工神经网络结构中，人工神经元之间相互连接进行信息传递，待信息输入后能够迅速传播至各个神经元进行处理。而且各神经元之间相互连接不仅能传递数据，还能够同时完成计算和存储任务，因此，人工神经网络能够在数值传递的过程中，并行地执行多项计算。人工神经网络通过神经元连接的强度（权值）存储了输入与输出之间的映射关系，从而大幅度提高了系统的运行效率，尤其是在处理大规模和高维度数据时，人工神经网络的优势尤为突出。

2. 自学习能力

人工神经网络的另一个显著优势在于其自学习能力。人工神经网络通过对大量数据样本进行反复训练，自动识别数据中的潜在规律，并据此构建出有效的模型。在学习过程中，它不仅能够发现数据中的内在模式，还能不断优化自身结构，实现自我完善。这一自学能力使人工神经网络在处理未知问题时，表现出较强的适应性和创新性，使其能够不断从新数据中汲取知识，并基于现有数据进行推理和预测。这种不断迭代和优化的特性使得人工神经网络在诸如模式识别、预测分析以及智能决策等应用中具有广泛的潜力。

3. 记忆功能

在人工神经网络的结构中，存在着大量的节点参数和连接权值，这些权值在训练过程中记录了人工神经网络对输入数据的学习结果，从而赋予人工神经网络"记忆"的功能。人工神经网络的记忆能力使其能够在输入数据不完整或包含噪声的情况下，依然能够根据已有的知识储备进行有效的推理和处理。这种记忆功能主要体现在人工神经网络能够处理复杂、模糊或不确定的数据，当输入端数据缺失或存在噪声干扰时，人工神经网络仍然能够通过已存储的知识，对缺失部分进行补全，从而保证了信息处理的完整性和准确性。这一特性使人工神经网络在图像识别、语音识别以及故障检测等领域具有巨大的应用价值。

4. 高度的鲁棒性和容错性

人工神经网络在信息存储方式和信息处理方式上具有天然的鲁棒性。在传统的计算机系统中，数据存储和程序存储通常是集中式的，一旦某个组件出现故障，系统性能可能会受到严重影响。而人工神经网络的存储方式是分布式的，信息被分散存储在网络中各个神经元的连接权值上。这意味着，即使人工神经网络中的某些神经元损坏或连接缺失，整体系统的性能也不会被完全破坏，系统仅会在一定程度上表现出性能下降，而不至于完全丧失功能。因此，人工神经网络具备较强的抗干扰能力，能够在面对局部故障或数据丢失时，依然保持较高的稳定性和准确性，展现出较强的鲁棒性[①]和容错性。这种特性使人工神经网络在复杂环境下，尤其是在高风险和高容错要求的应用场景中，均具有显著的优势。

---

① 鲁棒性指的是：控制系统在一定结构、大小等参数的摄动下，依然维持某些性能的特性。

（二）人工神经网络的类型

人工神经网络是一种具有高度自适应的信息处理系统，呈现出非程序化的显著特点，其本质是通过人工神经网络结构的变换以及动力学行为，实现并行分布式的信息处理能力。人工神经网络在不同层次上模拟人脑神经系统的信息处理机制，借助神经元之间的相互作用，实现数据的学习、存储与模式识别等重要功能。作为一种跨学科的研究领域，人工神经网络融合了神经科学、认知科学、人工智能、计算机科学及数学等多个学科的理论与方法，被广泛应用于图像识别、自然语言处理、智能控制、医学诊断等多个领域。

1. 按照拓扑结构划分

从拓扑结构的角度来看，人工神经网络可以分为两层神经网络、三层神经网络和多层神经网络。

两层神经网络：该类型的神经网络由输入层和输出层组成，中间不含隐含层。由于其结构较为简单，所以表达能力有限，通常用于基本的线性分类任务。

三层神经网络：该类型的神经网络由输入层、隐含层和输出层共同构成。隐含层的引入增强了三层神经网络的非线性映射能力，使其能够处理更为复杂的分类和回归问题。

多层神经网络：相较于三层神经网络，多层神经网络包含多个隐含层，使其具备更强的特征提取和模式识别能力。深度神经网络（DNN）即属于此类，通过深层结构能够自动学习数据的高阶特征，被广泛应用于深度学习任务中。

2. 按照结点间的连接方式划分

人工神经网络的节点连接方式主要分为层间连接和层内连接，其中连接的强度通常由权值来表示。

层间连接：指人工神经网络不同层之间的连接关系，即上一层的神经元输出作为下一层神经元的输入，以保证信息在人工神经网络中的层次化传播。

层内连接：指人工神经网络同一层内部的节点之间存在相互连接。在某些特定类型的人工神经网络（如自组织映射网络）中，层内连接可以用于增强局部竞争机制，从而提高人工神经网络的自适应学习能力。

3. 按照结点间的连接方向划分

根据信息在网络中的传播方向，人工神经网络可以分为前馈式神经网络和反馈式神经网络。

前馈式神经网络：该类型的神经网络采用单向连接模式，信息严格按照从输入层经过隐含层逐层传递至输出层的顺序流动，不存在循环或反馈连接。前馈式神经网络具有良好的稳定性，常用于模式分类、函数逼近和回归预测等任务。目前，主流的数据挖掘工具所支持的神经网络结构大多为前馈式神经网络，其中多层感知机制是最具代表性的一种。

反馈式神经网络：反馈式神经网络允许信息在神经网络内部循环传播，输出节点的输出可以回馈至输入层或隐含层，使其具备动态的信息处理能力。由于该类型的神经网络能够存储历史信息，并对时序数据进行建模，因此在语音识别、时间序列预测、自然语言处理等领域具有重要应用。例如，长短时记忆网络和门控循环单元均属于反馈式神经网络，它们在避免梯度消失问题的同时，提高了长序列数据的建模能力。

（三）人工神经网络的特性

人工神经网络是一种典型的并行分布式计算系统，其核心理念源于对生物神经系统结构和信息处理机制的模拟。与传统基于逻辑推理和符号处理的人工智能技术相比，人工神经网络采用全新的信息处理方式，成功克服了传统人工智能在处理直觉性问题、非结构化数据以及复杂模式识别任务时的局限性。其主要优势体现在高度的自适应性、自组织性和实时学习能力上，使其在诸多领域，如模式识别、语音处理、计算机视觉、预测分析等方面展现出卓越的应用价值。人工神经网络的这些特性，来源于其固有的四个基本特征。

1. 非线性

自然界中的许多现象都呈现出非线性特性，而人工神经网络正是通过非线性映射能力，有效模拟复杂关系。在数学建模中，人工神经元的激活函数通常采用非线性函数，如 sigmoid 函数、ReLU 函数和 tanh 函数等。这些非线性函数能够在神经元的输入与输出之间建立复杂的非线性映射关系，使人工神经网络具备强大的拟合能力，从而能够有效地处理线性方法难以解决的问题，如模式分类、图像识别、时间序列预测等。此外，非线性特性也赋予了人工神经网络强大的特征提取能力，使其能够自动学习输入数据中的深层模式。

2. 非局限性

人工神经网络由大量神经元相互连接组成，其整体行为不仅依赖于单个神经元的特性，还受到神经元之间相互作用的影响。这种广泛存在的连接性使信息能够在网络中进行全局传播，从而形成整体性的特征表示。非局限性特性使人工神经网络在进行信息存储与处理时，能够模拟人脑的联想记忆功能，即使部分信息受损或缺失，人工神经网络仍能通过剩余的信息进行重构和推理。此外，由于信息在人工神经网络中的存储是分布式的，因此，即使单个神经元发生损坏，也不会导致整个系统的功能丧失，展现出极强的容错性和鲁棒性。

3. 非常定性

人工神经网络具有强大的自适应、自组织和自学习能力，其处理的信息种类繁多且动态变化。人工神经网络本身并非是一个静态系统，而是一个具有动态演化特征的非线性动力系统。通过不断调整人工神经网络权重和阈值，人工神经网络能够很好地适应环境变化，并在持续学习过程中优化自身性能。例如，在深度学习领域，卷积神经网络和递归神经网络等结构，能够在训练过程中不断优化特征表示，从而提高模型的泛化能力。此外，许多人工神经网络训练算法，如反向传播算法，正是依赖迭代优化过程来实现人工神经网络的动态调整，使其能够适应不同任务的具体需求。

4. 非凸性

人工神经网络的优化过程通常涉及复杂的非凸损失函数优化问题。由于人工神经网络模型中的参数空间极为复杂，导致其损失函数可能存在多个局部极值或鞍点，使优化过程的收敛方向充满不确定性。这种非凸性特征意味着人工神经网络的学习过程可能会陷入局部最优解，而非全局最优解，从而影响最终模型的泛化能力。因此，在训练人工神经网络时，常采用随机梯度下降、Adam 优化算法等方法来提高收敛效果，同时引入正则化技术，以减少过拟合风险。此外，非凸性的存在也使人工神经网络表现出较强的多样性，即在不同的初始条件下，人工神经可能会收敛到不同的平衡态，从而呈现出多样化的学习结果。

（四）人工神经网络的结构

人工神经网络的研究源于对生物神经元结构的探究。人类大脑中含有大量神经元，每个神经元都有许多短小且逐渐变细的分支（树突），以及一根较长的纤维（轴突）。神经元的树突负责接收来自其他神经元的信号，并将其汇聚。如果这些信号的强度足够大，那么神经元就会产生一个新的信号，随后通过轴突将其传递给其他神经元。正是这数以百亿计的神经元构成了一个高度复杂、非线性的并行处理系统，即人体的神经网络。

1. 人工神经网络的多层结构

人工神经网络的设计灵感源于大脑神经元之间的连接方式，其构建了一种由多个相互连接的处理单元组成的网络结构。这些单元通过信号通路彼此连接，形成了一个复杂且高效的信号传递与处理系统。如果将人工神经网络视作图结构，则其中的每个处理单元被称为"结点"（Node），而"结点"之间的连接称为"边"（Edge）。这些边的连接关系代表了各"结点"之间的内在关联，"边"的权重则反映了这种关联关系的强弱程度。在信息传递过程中，信号通过"边"的传导以及相应的权值调节，完成从输入到输出的转换与处理。

人工神经网络通常由多个层次的"结点"组成，形成了一个多层的结构体系。每一层都包含若干神经元，这些神经元通过不同的权重与上一层的神经元进行连接，接收并处理信息。整个网络的运作机制类似于人体神经系统，信号从输入层经过隐层的处理后传递到输出层，最终得出结果。这一层次化的结构使人工神经网络能够在复杂的任务中，进行有效的特征提取与信息学习，模拟人脑的思维过程进行决策和推理。因此，人工神经网络不仅仅是一个简单的计算工具，它还通过层次化的神经元连接与复杂的权值调整，构成了一个多层次的信息处理系统。这种结构不仅模仿了大脑神经网络的工作原理，还成为一种强大的计算模型，被广泛应用于机器学习、模式识别、数据挖掘等领域。

对于多层人工神经网络而言，给定一组带监督的训练数据集（$x_1, x_2, \cdots, x_i, y$），其中 y 为分类属性，则可以使用这组数据对人工神经网络系统进行训练，不断调整各个"结点"间的连接权值 w，使系统输出逼近分类属性，从而构建出一个符合训练数据集数据特性的分类模型。

人工神经网络的复杂度与网络的层数，以及每一层中的处理单元数量密切相关。根据层次结构，整个网络的拓扑结构通常分为三个主要部分，即输入层、输出层和隐藏层（有时隐藏层可以省略）。

输入层：输入层由多个输入节点（或输入单元）构成，主要负责接收来自样本数据集的输入变量值，并进行初步处理。输入节点的数量取决于样本数据的属性维度，即输入特征的个数。每个输入节点接收到的信息被称为输入向量。

输出层：输出层由输出节点（或输出单元）构成，主要负责展示神经网络的处理结果。输出节点的数量通常与任务的类型相关，输出的信息被称为输出向量。在分类预测应用中，输出节点的数量取决于类别的个数：①对于二分类问题（如 Flag 类型），输出节点的个数可以为 1 或 2，一般通过 0 或 1 表示分类结果；②对于多分类问题（如 Set 类型，n 个类别），输出节点的个数通常为 $\log_2 n$，并以二进制的 0 和 1 表示不同类别；③如果输出变量是数值型（回归问题），则输出节点的数量为 1。

隐藏层：隐藏层位于输入层与输出层之间，由多个神经元和它们之间的连接构成。隐藏层的作用是实现人工神经网络的计算功能，并赋予人工神经网络非线性特征。根据任务的复杂性，隐藏层可以有多层，层数的选择通常基于对人工神经网络非线性特征的需求以及功能和性能的要求。隐藏层中的节点（或隐单元）位于输入层和输出层之间，从外部无法直接观察到。隐藏层节点的数量越多，人工神经网络的非线性特性越强，鲁棒性和处理能力也越高。一般而言，隐藏层节点数目常设置为输入层节点数目的 1.2 至 1.5 倍，以确保网络有足够的学习能力。

在人工神经网络工作的过程中，自变量通过输入层的神经元传递到人工神经网络。输入层的神经元与第一层隐藏层的神经元相连接，而每个隐藏层的神经元则与下一层（无论是隐藏层还是输出层）的神经元相连。输入的自变量经过多个隐藏层神经元的处理后，最终在输出层生成预测值，作为对应变量的预测结果。

在人工神经网络中，"结点"被称为感知器或人工神经元，每个神经元可被赋予不同的处理算法（函数），并在整个人工神经网络中执行特定的功能。当多个人工神经元相互连接时，它们就构成了一个人工神经网络。

神经元处理单元在人工神经网络中可以用来表示各种对象，如特征、字母、概念，或其他具有特定意义的抽象模式。通过人工神经网络的学习过程，训练数据集中的"知识"能够被存储在每个感知器中，从而构建出一个用于分析和处理的模型。这个经过训练的人工神经网络模型能够对未知数据进行分析、处理和决策，进而提供有价值的信息。

2. 人工神经网络的感知器

人工神经元（感知器）的结构如图 3-5 所示[①]，该结构用来模拟生物神经

---

① 葛东旭. 数据挖掘原理与应用 [M]. 北京：机械工业出版社，2020：175.

元的活动。输入信号 I_1，I_2，…，I_s，按照连接权 $w_{1j},w_{2j},\cdots,w_{sj}$，先通过神经元内的组合函数 $\sum\limits_{j}(\cdot)$ 组成 u_j，再通过神经元内的激活函数 $f_{Aj}(\cdot)$ 运算输出 O_j，最后沿"轴突"传递给其他神经元。

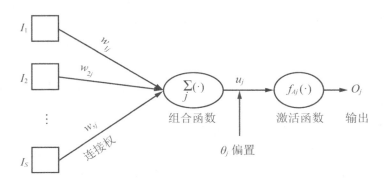

图 3-5　人工神经元结构

（1）组合函数

组合函数的核心任务是将感知器的输入信号按一定规则进行加权求和。这一过程依赖输入信号与人工神经网络中各个连接的权重（连接权数），通过结构上的连接或关联关系将这些信号进行组合。加权求和后的结果，体现了感知器接收输入信息后初步处理的输出结果。然而，考虑到组合函数的输出值可能超出激活函数所要求的输入范围，因此常常需要对其结果进行一定的线性调整，使其适应激活函数的处理要求。

为了实现这一调整，通常会在组合函数的结果中加入一个偏置量（在某些文献中，也称为阈值）。偏置量的引入有助于调整神经元的激活状态，使其更加灵活，从而更好地适应不同的输入模式。这时，组合函数可以表示为一个线性组合的数学表达式，其形式通常为：

$$u_j = \sum_{i=1}^{n} w_{ij} \cdot I_i + \theta_j \tag{3-28}$$

式中　I_i——第 i 个输入信号；

$\quad\quad\ w_{ij}$——对应的连接权重；

$\quad\quad\ \theta_j$——偏置量；

$\quad\quad\ n$——输入的总数；

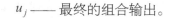

u_j —— 最终的组合输出。

式（3-28）说明了组合函数如何通过加权求和来整合所有输入信号，并通过偏置量调整输出结果，为后续的激活函数提供适合的输入信号。

（2）激活函数

在人工神经网络中，并非所有神经元每时每刻都在参与信息的传递与处理，只有在特定时刻，被"激活"的神经元才会参与该时刻的动态信息处理过程。人工神经网络正是借鉴这一概念，引入了"激活函数"这一要素。在每个感知器中，激活函数由数学公式描述，它决定了神经元是否被激活以及激活的强度。尽管在人工神经网络中，激活函数不具备"激活"生物神经元的生理功能，但它仍然扮演着至关重要的角色。

激活函数通常采用符号函数（如 sign 函数），或与之类似的非线性函数，以此赋予人工神经网络足够的非线性能力，使其能够处理复杂的应用问题。若没有非线性激活函数，人工神经网络的每一层输出将仅是前一层输入的线性组合，即便最终形成多层结构的人工神经网络，整个人工神经网络的输出也将局限于输入的线性组合，这就极大地限制了人工神经网络的表达能力，使其无法应对复杂的实际问题。因此，激活函数的引入使人工神经网络能够处理任意非线性函数，从而在众多非线性模型的应用中发挥重要作用，解决如图像识别、语音处理等复杂任务。

常见的激活函数有以下四种：

第一，sign 函数。sign 函数是最早被提出的激活函数之一，常用于二元分类问题，主要功能是根据输入信号的符号将其映射到离散值，用以表达该输入信号属于正类还是负类。当 $x > 0$ 时，sign（x）=1；当 $x=0$ 时，sign（x）=0；当 $x < 0$ 时，sign（x）=-1。sign 函数的特点在于输出离散值，这意味着其输出仅为三个可能值，即 1、0 或 -1。虽然 sign 函数在某些特定场景中仍有使用，但因其不可导性，在训练过程中可能会遇到问题，特别是在采用梯度下降法进行优化时，其不可导点会导致梯度信息丢失，因此在现代深度学习中，通常使用其他平滑的激活函数。

sign 函数的数学表达式可以表示为：

$$\text{sign}(x) = \begin{cases} 1 & if \quad x > 0 \\ 0 & if \quad x = 0 \\ -1 & if \quad x < 0 \end{cases} \quad （3-29）$$

第二，sigmoid 函数（Logistic 函数）。sigmoid 函数如下：

$$f(x) = \frac{1}{1 + e^{-x}} \tag{3-30}$$

sigmoid 函数的输出范围在开区间（0，1）内，这意味着其可以将输入的任意实数值映射到 0 与 1 之间。这一特性使 sigmoid 函数在一定程度上能够压缩输出值，便于模型处理概率性输出或用于分类任务中的概率预测。此外，sigmoid 函数是单调且连续的，具有平滑的导数，在优化过程中具有较好的稳定性。因此，sigmoid 函数特别适用于人工神经网络输出层的激活函数，尤其是在需要归一化输出或进行概率计算的情况下。

尽管 sigmoid 函数在一定程度上具有良好的性质，但它也存在一些显著的缺点。sigmoid 函数具有明显的饱和性，即在输入极大值或极小值时，函数的梯度趋近于零，这种现象称为梯度消失问题。具体而言，当输入值远离原点时，sigmoid 函数的梯度接近于零，从而导致在反向传播过程中，梯度更新幅度变得极其微小，使人工神经网络的训练过程变得异常缓慢甚至无法进行，尤其是在深层网络结构中尤为明显。此问题被称为梯度弥散，它严重影响了深度神经网络的学习效率和性能。此外，sigmoid 函数的输出并非以零为中心，而是主要集中在正值区域（0，1），这可能导致在多层网络中产生不必要的偏差，尤其是在需要多层感知器进行学习时，可能会加剧梯度消失的问题。因此，尽管 sigmoid 函数在一些浅层网络中效果较好，但其局限性使其在深度学习中的应用受到限制。

在作为激活函数应用时，需要对该函数求导，求导后的函数为：

$$f^{'}(x) = \frac{e^{-x}}{1 + e^{-x}} = f(x)[1 - f(x)] \tag{3-31}$$

sigmoid 函数的导数只有在 $x=0$ 附近时才会有较好的激活性，而在正负饱和区的梯度都接近于 0 时，容易引发梯度弥散问题，导致无法完成深层网络的训练。

因此，在现代深度学习中，尽管 sigmoid 函数作为激活函数仍然具有一定的理论价值，但由于其梯度消失和饱和性等问题，已逐渐被 ReLU（修正线性单元）等其他激活函数所替代，这些替代函数在实际应用中，能够有效地缓解梯度消失问题，提升深度神经网络的训练效率和性能。

第三，tanh 函数（双曲正切函数）。tanh 函数如下：

$$f(x) = \tanh(x) = \frac{e^x - e^{-x}}{e^x + e^{-x}} \qquad (3-32)$$

将 sigmoid 函数代入上式，可得：

$$\tanh(x) = 2 \cdot \text{sigmoid}(2x) - 1 \qquad (3-33)$$

tanh 函数的取值范围为 [-1，1]。tanh 函数具有更好的数值对称性，使其输出值在 $x=0$ 附近分布，从而在一定程度上缓解了人工神经网络训练过程中可能出现的偏移现象。具体而言，tanh 函数在输入绝对值接近零时具有较好的线性特性，而在输入绝对值较大时则趋于饱和。

tanh 函数在特征差异较为显著的情况下，能够有效增强特征的区分度，因此在人工神经网络的循环训练过程中，可以不断放大特征效果，显着提升模型对数据的区分能力。与 sigmoid 函数相比，tanh 函数的零均值特性使其在实际应用中，往往能够提供更稳定的梯度更新，从而提升训练效率。此外，由于 tanh 函数的数值范围对称于 $x=0$，神经元的激活状态分布更加平衡，不会像 sigmoid 函数那样在靠近 $x=0$ 的区域产生较大的梯度偏移问题。

然而，tanh 函数仍然存在饱和性问题，即当输入值过大或过小时，其梯度会趋于零，进而引发梯度消失现象，影响深层神经网络的训练效果。为了解决该问题，在深度神经网络的训练过程中，通常会结合梯度裁剪等技术来缓解梯度消失问题。此外，部分改进型激活函数，如 ReLU，也被广泛应用于深层神经网络，以规避 tanh 函数的梯度消失问题并提升模型的收敛速度。

第四，ReLU 函数。ReLU 函数的数学表达式如下：

$$f(x) = \begin{cases} x, x \geqslant 0 \\ 0, x < 0 \end{cases} \quad \text{或} f(x) = \max\{0, x\} \qquad (3-34)$$

相比于 sigmoid 函数和 tanh 函数，ReLU 函数在随机梯度下降（SGD）等优化算法中会表现出更快的收敛速度。这主要是因为 ReLU 函数在 $x>0$ 时，其梯度始终为 1，而不会像 sigmoid 和 tanh 函数那样，在数值较大或较小时出现梯度趋于零的情况，从而有效地缓解了梯度消失问题。这一特性使 ReLU 函数在深度神经网络（DNN）中能够直接以监督学习的方式进行训练，而无须依赖无监督的逐层预训练机制。

然而，ReLU 函数在实际应用中也存在一定的缺陷。由于当 $x<0$ 时，ReLU 函数的输出值始终为 0，此时梯度亦为零，进而导致那些对应的神经元无法继续更新其权重参数。这种现象被称为神经元死亡，即部分神经元在训

练过程中变得无效，不再对输入数据产生反应。随着训练的推进，如果大量神经元陷入硬饱和区（$x<0$ 的情况较多），可能会严重影响人工神经网络的学习能力和收敛性能。此外，与 sigmoid 函数类似，ReLU 函数的输出均值通常大于零，这种情况可能会影响人工神经网络参数的优化过程，使梯度的更新方向偏离最优路径，从而降低训练效率。

第四节　回归算法：逻辑回归与决策树回归

一、逻辑回归

（一）逻辑回归函数

逻辑回归是一种常用的分类算法，通常用于二分类问题，其目标是预测样本属于某一类别的概率。逻辑回归函数的值域为 [0，1]，其形式如下：

$$f(x) = \frac{e^x}{1+e^x} \tag{3-35}$$

用 $p_i = P\left(y_i = 1 \mid x_{i1}, x_{i2}, \cdots, x_{ip}\right)$ 作为因变量，可得到逻辑回归模型，其公式表达如下：

$$p_i = \frac{\exp\left(\alpha + \beta_1 x_{i1} + \beta_2 x_{i2} + \cdots + \beta_p x_{ip}\right)}{1 + \exp\left(\alpha + \beta_1 x_{i1} + \beta_2 x_{i2} + \cdots + \beta_p x_{ip}\right)} \tag{3-36}$$

对式（3-36）的两端取对数，可得

$$\ln \frac{p_i}{1-p_i} = \alpha + \beta_1 x_{i1} + \beta_2 x_{i2} + \cdots + \beta_p x_{ip} \tag{3-37}$$

（二）逻辑回归的特点

在机器学习领域，分类的目标是指将具有相似特征的对象归为一类。一个线性分类器可通过特征的线性组合做出分类决策，从而达到目的。对象的特征通常被描述为特征值，而在向量中则表述为特征向量。

Logit 变换的定义如下：

$$\text{Logit}\left(p_i\right) = \ln \frac{p_i}{1-p_i} \tag{3-38}$$

将式（3-37）代入式（3-38）中，由此得到：

$$\text{Logit}\left(p_i\right) = \alpha + \beta_1 x_{i1} + \beta_2 x_{i2} + \cdots + \beta_p x_{ip} \qquad （3-39）$$

Logit 变换的特点如下：

当 $\text{Logit}\left(p_i\right) = \ln \dfrac{p_i}{1-p_i} \in (0,+\infty)$ 时，属于正类变换。

当 $\text{Logit}\left(p_i\right) = \ln \dfrac{p_i}{1-p_i} \in (-\infty,0)$ 时，属于负类变换。

（三）优势比

优势比（OR）是流行病学和统计学中，用于衡量暴露与某种结果之间关联强度的指标，常被用于病例对照研究、临床试验和其他类型的观察性研究中，尤其是在分析二分类变量时，用来衡量某个特定暴露（如某种疾病、生活方式因素、药物治疗等）与疾病发生之间的关系。优势比的计算公式为：

$$OR_j = \frac{P_1 / \left(1 - P_1\right)}{P_0 / \left(1 - P_0\right)} \qquad （3-40）$$

式中的 P_1 和 P_0 分别为在第 j 个特征 X_j 取值为 c_1 及 c_0 时的发病概率；OR_j 称作多变量调整后的优势比，表示在扣除了其他自变量影响后，危险因素产生的作用。该公式用于表示自变量变化以后，发病概率的变化情况。

若对比某一危险因素在两个不同暴露水平 $X_j=c_i$ 与 $X_j=c_0$ 时的发病情况（假定其他因素的水平相同），其优势比的自然对数为：

$$
\begin{aligned}
\ln OR_j &= \ln\left[\frac{\dfrac{P_1}{1-P_1}}{\dfrac{P_0}{1-0}}\right] = \text{Logit}P_1 - \text{Logit}P_0 \\
&= \left(\beta_0 + \beta_j c_1 + \sum_{t \neq j}^{m} \beta_t X_t\right) - \left(\beta_0 + \beta_j c_0 + \sum_{t \neq j}^{m} \beta_t X_t\right) \\
&= \beta_j\left(c_1 - c_0\right)
\end{aligned}
\qquad （3-41）
$$

即 $OR_j = \exp\left[\beta_j\left(c_1 - c_0\right)\right]$。

若：

$$X_j = \begin{cases} 1 & 暴露 \\ 0 & 非暴露 \end{cases}, \quad c_1 - c_0 = 1 \tag{3-42}$$

则有：

$$OR_j = \exp \beta_j, \quad \beta_j \begin{cases} = 0 & 当 OR_j = 1, 无作用 \\ > 0 & 当 OR_j > 1, 危险因子 \\ < 0 & 当 OR_j < 1, 保护因子 \end{cases} \tag{3-43}$$

（四）逻辑回归正则化

问题引入，如图 3-6[①] 所示，$w_1x_1+w_2x_2+w_0=0$ 对应于平面的一条直线，现有两个公式描述同一条直线，那么哪个描述的效果更好呢？

$$0.5x_1+0.4x_2+0.3=0 \tag{3-44}$$

$$5x_1+4x_2+3=0 \tag{3-45}$$

通常来说，w 在数值上越小越好，因为这样能更好地抵抗数据的扰动。重写常用的均方误差函数，λ 是 w 的权重。

$$E = \sum_{i=1}^{n}\left(y_i - \frac{1}{1+e^{-(w_ix_{i1}+w_2x_{i2}+w_0)}}\right)^2 + \lambda L_1 \tag{3-46}$$

$$E = \sum_{i=1}^{n}\left(y_i - \frac{1}{1+e^{-(w_ix_1+w_2x_{i2}+w_0)}}\right)^2 + \lambda L_2 \tag{3-47}$$

其中，正则化表达式为：

$$L_1 = \sum_{i=0}^{m}|w_i| \tag{3-48}$$

$$L_2 = \sum_{i=0}^{m}w_i^2 \tag{3-49}$$

---

① 丁兆云，周鋆，杜振国．数据挖掘原理与应用 [M]．北京：机械工业出版社，2021：91.

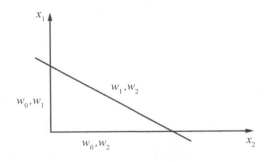

图 3-6　问题图示

惩罚项的作用：若逻辑回归模型学习到大权值使误差减小，但是加上正则化式子以后会使上述 E 值变大。因此，最小化 E 值使求解的权值尽可能小。

由此，可以得到以下结论：

L_1 倾向于使 w 取值为 1，或取值为 0。

L_2 倾向于使 w 整体偏小。

它们的适用场景如下：

L_1 适合降低场景的维度。

L_2 也称为岭回归，有很强的概率意义。

（五）逻辑回归训练方法的优化

1. 梯度下降法的步骤

梯度下降法是一种广泛应用于机器学习和深度学习的优化算法，主要用于最小化目标损失函数，促使模型参数趋向最优解。以逻辑回归模型为例，梯度下降法可通过不断迭代更新参数，最终实现损失函数的最小化，进而提升模型的预测准确性。梯度下降法的优化过程包括以下步骤：

（1）通过随机初始化为需要求解的参数赋初始值，以作为优化的起点。

在应用梯度下降法时，首先需要为模型的参数（如权重和偏置）赋予初始值。通常，参数的初始值可以通过随机初始化来确定。这一步骤非常重要，因为初始化的参数值对最终的训练结果有较大影响。若初始值选择不当，可能会导致梯度下降法在优化过程中陷入局部最小值，或者收敛速度迟缓。因此，合理的初始化方法能够加速训练过程，并提高模型最终的性能。

（2）使用模型对所有的样本进行预测，计算总体的损失值。

在完成参数初始化之后，使用模型对所有训练样本进行预测。对于逻辑回归来说，预测结果是对输入特征进行加权求和，然后通过 sigmoid 函数映射至 0 到 1 之间，输出某个类别的概率。随后，通过计算模型的输出值与真实标签之间的差异，得出损失值。常见的损失函数是交叉熵损失函数，该函数可以度量模型预测值与真实值之间的偏差。损失值越小，表示模型的预测越准确。因此，计算损失值是优化过程中至关重要的步骤。

（3）利用损失值对模型参数进行求导，得到相应的梯度。

当计算出损失值后，接下来的步骤是求损失函数关于模型参数的导数，通常称为梯度。梯度的计算反映了损失函数在参数空间中的变化趋势，能够指明在优化过程中哪些参数需要更新以及如何更新它们。具体来说，损失函数是当每个参数的偏导数（梯度）表示该参数变化时，损失值的变化率。通过对损失函数进行求导，可以获得各个参数的梯度信息，从而确定参数调整的方向和幅度。

（4）基于梯度调整参数，得到迭代之后的参数。

最后，利用计算所得的梯度信息来更新模型的参数。梯度下降法的核心思想是沿着梯度的反方向调整参数，使损失函数逐步减小。每次更新的幅度由学习率决定，学习率控制了参数调整的步长。通过重复这个过程，模型参数会不断优化，直到损失函数收敛到一个最小值或者满足停止条件。优化过程通常会经历多次迭代，每一次迭代都能够使模型的性能更加接近最优解。值得注意的是，选择合适的学习率非常重要，如果学习率过大，可能会导致梯度更新过度，从而错过最优解；如果学习率过小，则可能导致收敛速度过慢，增加计算成本。

2. 逻辑回归的两种梯度

在逻辑回归模型的训练过程中，梯度下降法是一种常用的优化方法。常见的梯度下降法有两种，分别是随机梯度下降（SGD）和拟牛顿法（L-BFGS），这两种方法在不同的应用场景下各有其优势与适用性。

（1）随机梯度下降

SGD 在每一步更新过程中，仅使用训练数据集中的一个或一小部分样本来计算梯度。由于每次仅依赖部分数据，因此 SGD 能够较快地进行迭代，特别适用于大规模数据集的训练。

SGD 在数值处理上有以下特点：

第一，不需要数据归一化。SGD 对数据的归一化要求较低，使其在某些不需要标准化处理的场景中能快速启动。但在实际使用中，若数据的特征差异较大，可能会影响训练的稳定性，因此，需要根据情况决定是否进行数据归一化。

第二，正则化支持。SGD 支持两种常见的正则化方法——L1 正则化和 L2 正则化。L1 正则化有助于产生稀疏解（部分参数为零）；而 L2 正则化有助于防止模型出现过拟合现象，并改善模型的泛化能力。

第三，不支持多分类。SGD 本身不支持多分类问题，但可以通过采用如"one-vs-rest"或"one-vs-one"的策略来间接实现多分类任务。

第四，数据选取。SGD 在每次更新时，会随机从训练集中选择数据进行训练。这种"随机抽样"的方式意味着模型的更新具有一定的随机性，并且训练过程中每次的计算量较小，适合处理大数据集。

第五，小批量梯度下降（MiniBatch Fraction）。在实际应用中，SGD 常常通过小批量梯度下降来加速计算和提高训练的稳定性。通过小批量处理训练样本，可以平衡训练速度和模型更新的准确性。

（2）拟牛顿法

与 SGD 相比，L-BFGS 能够利用历史的梯度信息来更新参数，因此在训练速度和收敛性方面表现得更为优秀。

L-BFGS 对数值处理要求较高，通常需要对数据进行均值归一化以及方差归一化，以保证训练过程中数值的稳定性。

第一，均值归一化与方差归一化。L-BFGS 通常要求对数据进行标准化处理，即将特征数据转换成均值为 0，方差为 1 的标准正态分布。这样做可以帮助算法更快地收敛，并避免因不同特征量纲差异而引发的训练问题。

第二，正则化支持。L-BFGS 支持 L2 正则化，这有助于减少过拟合现象，并提高模型的鲁棒性。L2 正则化通过引入对参数平方和的惩罚项，促使模型更加平滑，从而避免模型在训练集上的过度拟合。

第三，支持多分类。与 SGD 不同，L-BFGS 能够直接处理多分类问题。它通过处理多个类别标签，能够高效地优化多类别分类任务中的参数，从而使其在多分类问题中的应用更加广泛。

第四，数据加载与训练。L-BFGS 能够加载所有训练数据，并且在训练过程中利用全量数据来计算梯度。与 SGD 每次仅用部分数据计算梯度不同，L-BFGS 使用完整数据集来进行优化，使其训练结果更加准确、稳定。

（3）比较分析

训练速度：L-BFGS 的训练速度通常比 SGD 快。原因在于 L-BFGS 利用历史梯度信息来实现更精确的参数更新，而 SGD 每次更新是基于当前样本或小批量样本的梯度进行计算，更新较为粗糙。因此，L-BFGS 的收敛速度更快，适用于数据集规模适中的问题。

第一，数据处理要求。L-BFGS 对数据的归一化要求较为严格，通常需要进行均值归一化和方差归一化，而 SGD 在这方面的要求相对宽松，但在面对特征量纲差异较大的数据时，可能会出现不稳定性的问题。

第二，适用场景。SGD 适用于大规模数据集，尤其是当数据量庞大时，由于每次更新时仅使用部分数据，因此它能有效降低计算负担。而 L-BFGS 更适用于数据量适中且对训练精度要求较高的任务，它能够在较少的迭代次数内提供较为精确的结果。

第三，正则化方式。两者都支持 L2 正则化，L-BFGS 支持 L2 正则化的能力使其在处理复杂问题时，能够更好地避免过度拟合现象的发生。而 SGD 除了支持 L2 正则化外，还支持 L1 正则化，L1 正则化有助于得到稀疏解，因此 SGD 在特征选择和稀疏性要求较高的问题中表现出色。

二、决策树回归

（一）决策树回归的概念

决策树回归是一种常见的回归分析方法，广泛应用于数据挖掘和机器学习领域。决策树回归将输入空间（特征空间）划分为多个区域，并在每个区域内输出一个特定的值。决策树回归的核心思想是通过不断地划分数据集，最终将数据集分成若干个区域，每个区域对应一个叶子节点，而每个叶子节点的输出值是该区域内数据的均值。

在决策树回归中，决策树的结构与分类树相似，通过选择适当的划分点将空间划分成不同的区域，进而在每个区域内给出预测值。每一次划分时，决策树都会选择一个特征并确定其阈值，这样每一个叶子节点都对应着空间中的一个不重叠的区域。输入样本的每一维特征值会逐步向下传递，根据这些特征值，样本最终会落入其中一个区域，因此，最终的输出值就是该区域的预测值。

在构建决策树回归模型时，有两个关键问题亟待解决。一是如何选择最佳的划分点，二是如何确定每个叶子节点的输出值。选择合适的划分点是决策树构建过程中的重要步骤。传统的分类树通过计算信息增益或基尼系数等指标来选择最优的划分点。而在回归树中，由于目标变量是连续值，因此通常采用启发式方法进行划分。具体而言，回归树通过不断尝试不同的特征值和阈值，从而选择能够最大程度减少预测误差（如均方误差）的划分点。对于每个划分点，回归树会计算在该点划分后的预测误差，以选择能使预测误差最小化的划分。

对于叶子节点的输出值，在回归树中，通常是该区域内所有样本的平均值或中位数。这意味着，在每个叶子节点对应的区域内，所有样本的目标值都会被平均，即叶子节点的输出指就是该平均值。因此，回归树通过对输入空间的划分，能够在每个区域内对目标变量进行预测，进而实现回归任务。

决策树回归具有直观、易于理解的优点，并且能够处理复杂的非线性关系。但它也存在一些问题，如过度拟合现象，即决策树可能会过于依赖训练数据，从而丧失对新数据的泛化能力。为了解决这个问题，常常会使用剪枝技术或集成方法（如随机森林、梯度提升树等）来改进决策树回归的性能。

（二）决策树分类最佳划分点的选择

在决策树分类中，选择最佳划分点是构建高效分类树的关键步骤之一。决策树的目标是通过一系列的划分，将数据集分成不同的类别，从而使每个叶子节点尽可能地属于同一类别的样本。因此，如何选择最佳的划分点至关重要，这直接影响到决策树的准确性和泛化能力。

为了选择最佳的划分点，通常使用一些能够衡量特征与分类结果之间关联度的标准，最常见的标准是信息增益。信息增益是基于信息论的一个概念，它可以衡量通过某个特征进行划分后，系统的不确定性减少了多少。由于信息增益越大，表示该特征对分类的贡献越大，因此在构建决策树时，这样的特征更可能成为划分点。

选择最佳划分点的过程通常是从特征空间的最小值开始，逐步建立分割区间。具体来说，决策树的构建首先会考虑所有特征的可能取值情况，然后再选择每个特征所有可能的划分点。对于每个划分点，先计算出划分后的信息增益，进而从中选择信息增益最大的划分点作为当前节点的最佳划分点。

在实际操作中，划分点的选择通常基于特征的取值范围。

假如存在 n 个特征，每个特征有 $s_i(i \in (1,n))$ 个取值，则需要遍历所有特征，尝试该特征的所有取值，对空间进行划分，直至取到特征 j 的值 s，使损失函数达到最小，这样就得到了一个划分点。

在选择最佳划分点时，决策树会遍历所有可能的特征和划分点，计算每个划分点的信息增益，并选择信息增益最大的那个点作为最佳划分点。此时，决策树的每一个分支都会根据某个特征的特定取值划分数据集，直到叶子节点达到预设的停止条件（如树的最大深度、样本数的最小限制等）。

尽管信息增益是一个常用的标准，但它也有局限性。特别是对于具有很多取值的特征，信息增益可能会倾向于选择取值较多的特征，这可能导致决策树变得过度复杂，从而发生过度拟合。因此，除了信息增益之外，决策树算法还可以使用其他标准，如基尼指数或信息增益率等，这些标准能有效避免信息增益的偏向性，从而提高决策树的稳定性和准确性。

（三）决策树回归算法的流程

每一次进行回归树生成时，采用的训练数据 r 都是上次预测结果 $f_m - l(x)$ 与训练数据值 y_i 之间的残差，这个残差会逐渐减小。

算法流程如下：

第一，初始化 $f_0(x) = 0$。

第二，对于 $m=1, 2, ..., M$，有：①按照 $r = y_i - f_m - l(x)$ 计算残差，并将其作为新的训练数据中的 y。②拟合残差得到一棵回归树，记为 $T(x_i; \Theta_m)$。

③更新 $f_M(x) = \sum_{m=1}^{M} T(x_i; \Theta_m)$。

第三，得到回归提升树：$f_m(x) = f_{m-1}(x) + T(x_i; \Theta_m)$。

（四）决策树回归算法的特点

1. 树形结构和分段常数函数

决策树回归算法的核心思想是利用树形结构进行数据划分。决策树的每个非叶子节点代表着对某个特征的测试，而每个叶子节点则对应着一个常数值，通常是该区域内数据目标变量的均值。通过对数据集进行递归划分，决策树回归算法能够将复杂的回归问题转化为一系列简单的区域预测问题，从而实现对目标变量的预测。在每一个划分区域内，决策树都用一个常数来预测样本的目标值，使决策树回归算法能够有效地逼近复杂的非线性关系。

2. 自动化特征选择

决策树回归算法在构建树的过程中，会自动筛选出最重要的特征用于数据的划分。在每个节点进行分裂时，算法会根据特征的不同值，计算划分后误差的减少量，选择能够最大限度降低误差的特征进行划分。因此，决策树回归算法不需要手动进行特征选择，它能够通过数据驱动的方式自动选择最具代表性的特征进行划分，简化了特征选择的过程。

3. 处理非线性数据的能力

决策树回归算法能够处理非线性的数据关系。传统的线性回归模型通常假设数据之间存在线性关系，而决策树回归算法则通过划分数据空间的不同区域，在每个区域内采用常数值进行预测，从而能够逼近复杂的非线性关系。决策树回归算法能够通过划分数据空间，来捕捉输入特征与目标变量之间的非线性关系，具有较强的灵活性和适应性。

4. 可解释性强

决策树回归算法的最大优点之一就是其良好的可解释性。由于其决策过程基于树形结构，因此可以清晰地了解模型是如何进行决策的。每个分裂节点代表对某个特征值的判断，而叶子节点则表示该区域内的预测结果。通过查看决策树的结构，我们可以追溯模型做出预测的依据，这为模型的理解和分析提供了有力支持。此外，决策树回归算法还可以通过可视化工具将决策树的结构展示出来，从而帮助用户直观地了解模型的决策过程。

5. 易于处理缺失值和异常值

决策树回归算法在处理缺失值和异常值方面具有较强的鲁棒性。对于缺失值，决策树回归算法可以通过将数据集分配到最适合的分支来进行处理，而无须对缺失数据进行填补。在处理异常值时，决策树回归算法也表现出较强的耐性，由于异常值通常会在树的某些分支上被划分到单独的叶子节点，避免了对整个模型的过度影响，使决策树回归算法在实际应用中对数据的异常性和不完整性具有较好的适应能力。

6. 容易发生过度拟合

决策树回归算法虽然在很多应用场景中表现出色，但其最大的缺点之一是容易发生过度拟合。过度拟合是指决策树模型训练数据中的噪声和细节，导致其在测试数据上的泛化能力下降。决策树回归算法特别容易受到训练数据集中噪声和异常值的影响，导致生成过于复杂的树，进而降低模型的预测性能。为了防止过度拟合，通常需要对决策树进行剪枝，或者采用集成方法（如随机森林、梯度提升树等）来减少这种问题的出现。

7. 计算复杂度较低

与其他回归模型（如支持向量机、神经网络等）相比，决策树回归算法的计算复杂度较低。在训练过程中，决策树通过不断划分数据集来构建树形结构，但每次划分时只需要计算特征的分裂效果（如均方误差的减少量），使决策树回归算法在处理大规模数据集时相对高效。同时，由于决策树回归算法不需要对数据进行显式的数学建模，因此能够避免一些复杂的计算过程，从而降低了计算成本。

8. 适用于大规模数据集

决策树回归算法适用于大规模数据集的训练。由于其结构相对简单，决策树回归算法在处理大规模数据时，能够保持较高的计算效率。此外，决策树回归算法的训练过程基于分治法，通过将数据递归地划分为较小的子集，可以使决策树回归算法在处理大量样本时不会出现计算瓶颈。

9. 依赖于样本的分布

决策树回归算法的性能可能受到训练样本分布的影响。在某些情况下，训练数据的分布可能导致决策树回归的效果不理想。例如，当样本在特征空间中分布较为均匀时，决策树可能需要经过较多的划分步骤，才能准确预测目标值，从而增加了模型的复杂度。因此，在数据预处理阶段，了解样本的分布情况非常重要。

第四章　大数据背景下的高级数据挖掘技术及算法

在大数据浪潮席卷全球的今天，高级数据挖掘技术及算法成为挖掘数据价值、洞察市场趋势的关键要素。本章将深入探讨大数据背景下，各类高级数据挖掘技术的最新进展。从自然语言处理基础与知识抽取，到视频数据挖掘与技术分析，再到社交网络中热点话题的挖掘，本章将逐一揭示不同领域数据挖掘的独特魅力与实践意义，为数据科学的发展与应用提供有力支撑。

第一节　自然语言处理基础与知识抽取

一、自然语言处理基础

自然语言处理在人工智能和计算机科学领域中占据着重要地位，涵盖了计算语言学、计算科学、认知科学和人工智能等多个学科。从科学视角来看，自然语言处理旨在模拟人类语言理解和产生的认知机制，探索语言在大脑中的处理模式。从工程视角出发，自然语言处理的核心目标是推动计算机与人类语言的交互，致力于开发与语言相关的创新应用程序，提升计算机在语言处理方面的能力。

自然语言处理的本质是一种象征性或离散性系统，旨在传达含义或语义。其典型应用场景广泛，涵盖语音识别、口语理解、对话系统、词汇分析、语法分析、机器翻译、知识图谱、信息检索、问答系统、情感分析、社会计算、自然语言生成和自然语言摘要等。这些应用场景展示了自然语言处理在实际生活中的重要性和广泛应用。

尽管基于深度学习的自然语言处理技术已取得了显著的进展，但其发展仍面临诸多挑战。语言作为智慧的载体，即便当今最强大的大规模语言模型，也面临着幻觉现象、多跳推理能力不足、数学能力欠缺等问题。这些问题的存在表明，当前的自然语言处理技术在模拟人类语言理解和语言生成方面仍有很大的提升空间。研究人员需要持续探索和改进，以攻克这些挑战，推动自然语言处理技术的进一步发展。

二、知识抽取

知识抽取是应对互联网时代海量文本数据挑战的关键技术之一。随着互联网应用的迅猛发展，文本数据呈现爆炸式增长，如何高效地从这些非结构化的文本中提取有效信息，成为当下亟待解决的问题。虽然文本被归类为非结构数据，但其内在的潜在结构往往未被明确标识，为信息搜索与分析带来了挑战。知识抽取的核心目标在于识别文本中的关键信息，并将其转化为结构化的知识库形式，以便后续任务的查询与应用。

知识抽取的关键技术主要依赖于自然语言处理，其中命名实体识别、实体链接、实体关系抽取以及事件抽取是其核心环节。这些技术通过对文本的深度分析，实现了从非结构文本到结构化信息的转化。例如，在生物医学领域，学术文献和电子医疗记录数量的快速增长，愈发突显知识抽取技术的重要性。该技术不仅能够有效提高信息获取的效率，还能增强下游任务的准确性和可靠性。

知识抽取的实践应用也在不断拓展，特别是在医疗、生物医学等领域的文献和记录处理中。这些领域对信息的准确性和及时性有着极高的要求，从而推动知识抽取技术的发展并受到广泛关注。通过不断优化自然语言处理技术，知识抽取有望在未来发挥更大的作用，为各行业的信息处理和知识管理提供更有力的支持。

（一）命名实体识别

命名实体识别是自然语言处理中的关键任务，旨在从文本中识别出具有特定意义的实体片段，并将其分类至预定义的类别中。该任务的输出包含三元组的集合，每个三元组标识实体在文本序列中起始与结束位置的索引，以及与之对应的实体类别。命名实体识别任务范围涵盖识别文本中的组织、人名、地理位置、货币、时间及百分比表达式等。随着研究的深入，命名实体识别在知识提取、文本理解、信息检索、自动文本摘要、问答系统、机器翻译等自然语言处理应用中发挥着重要作用。例如在语义搜索领域，识别搜索查询中的命名实体有助于系统精准理解用户意图，从而提供更优质的搜索结果。

（二）实体链接

实体链接作为自然语言处理中的核心任务之一，旨在将非结构化数据中的实体提及与知识库中的目标实体进行准确且无歧义的链接。这一过程涉及对文本中实体的检测，以及与知识库中相应实体的匹配，其复杂性主要源于实体名称的多样性和歧义性。具体而言，实体命名的多样化现象表明，同一实体在不同文本中可能以多种方式被提及，这种多样性增加了实体识别的难度。与此同时，实体名称的歧义性进一步加剧了链接任务的复杂性，由于相同的名称在不同的上下文中可能指代不同的实体。因此，实体链接不仅需要准确识别文本中的实体提及，还需要结合上下文的语义信息进行深度分析，以确保链接的正确性。这种对语义理解的依赖使实体链接在自然语言处理领域中极具挑战性，同时也为其在知识图谱构建、信息检索和语义搜索等领域的应用提供了广阔的研究空间。

（三）关系抽取

关系抽取（RE）作为信息抽取领域的一项核心任务，其核心目标是从非结构化文本中精准识别并提取实体间复杂的语义关联。在二元关系抽取的框架下，这项任务可被形式化为构建三元组（entity1，relation，entity2），其中entity1 与 entity2 代表两个实体，而 relation 则刻画了它们之间的特定语义联系。这一过程实质上是在自然语言文本中搜索并实例化此类三元组结构。

关系抽取能够揭示其作为信息抽取组成部分的层级关系，从而抽取出关系抽取、组成部分、信息抽取这样的结构化信息。通过这一实例，清晰地展示了关系抽取在构建实体间语义联系方面的能力。

在关系抽取的广阔范畴内，还可进一步细分为全局关系抽取与实体片段关系抽取两大类别。全局关系抽取聚焦于从大规模文本语料库中全面挖掘关系实例，而实体片段关系抽取则致力于判断特定实体在给定句子中的关系存在性。这两类任务各有侧重，共同构成了关系抽取技术的完整图景。

传统上，关系抽取主要依赖基于机器学习的方法来实现。然而，随着深度学习技术的蓬勃发展，特别是神经网络在复杂模式识别方面的卓越表现，越来越多的研究者开始探索利用深度学习模型进行关系抽取。这些模型凭借其强大的拟合能力，为关系抽取任务带来了前所未有的性能提升，开启了关系抽取技术发展的新篇章。

（四）事件抽取

事件抽取作为信息抽取技术的关键分支，其核心在于从非结构化数据中识别并提取特定时空背景下的客观事实，再将其转化为结构化信息。这一过程的核心要素——事件，通常指在特定时间与地点发生的实际情形。尽管各领域事件的具体形态各异，导致事件抽取的关注点也有所区别，但抽取目标可普遍归纳为涉及主体、时间、地点、行为、动机及行为方式等维度。

事件抽取技术的影响力横跨多个领域。在政务管理层面，它赋能政府部门高效监测社会事件的发展态势，通过即时捕捉并分析事件信息，促进决策快速且精确的响应。在生物医学领域，事件抽取技术同样展现出巨大潜力，其能够从科研文献中精准提炼出生物分子交互、状态变化等关键信息，这些结构化数据对于深化生理机制与疾病发生理解至关重要。

在技术演进方面，事件抽取经历了从基于模式匹配的传统方法，逐渐转变为机器学习与深度学习驱动的现代方法，这一趋势将在后续研究中进行深入探讨。事件抽取系统的构建围绕三大核心组件展开：触发词，作为事件激活的关键词；事件论元，涵盖与事件相关的实体及其属性；论元角色，定义了事件论元在事件中的具体职能。

事件抽取任务的实施可划分为两个连续阶段。第一阶段聚焦于对非结构化数据中事件信息的存在性判断，一旦确认事件存在，随即进入第二阶段，即事件信息的结构化提取。依据对目标结构化数据的明确程度及对两个阶段任务的重视程度，事件抽取被进一步细分为闭域和开放域两大类型。闭域事件抽取是在预设事件类型与结构的基础上，侧重于填充预设结构中的缺失信息；而开放域事件抽取则在不预设事件类型与结构的情况下，更注重对事件存在的初步判断，其目标设定较为宽泛。

第二节　视频数据挖掘与技术分析

一、视频数据挖掘及其分类

（一）视频数据挖掘的主要内容

视频数据挖掘作为数据挖掘的一个重要分支，旨在应对视频数据的非结构化特性和海量增长趋势。视频数据以数据流的形式呈现，包含丰富的视听信息，易于被人类感知，因而在各类应用场景中备受关注。随着视频采集设备的普及和存储设备成本的下降，视频数据的获取变得更加便捷和广泛。大量视频监控设备、互联网视频内容以及数字电视和网络电视的普及，促使视频数据量迅速增加。

面对如此庞大的视频数据，亟须建立有效的管理和访问机制，以便用户能够快速检索所需的视频信息。同时，自动处理冗长的视频监控录像，并从中发现异常情况，减轻人力负担，成为一项重要需求。更进一步，通过从海量视频数据中挖掘出隐含的信息和关联，揭示视频事件的发展趋势和相互关系，提升视频信息管理的智能化程度，成为视频数据挖掘的核心目标。

视频数据挖掘通过综合分析视频数据的视听特性、时间结构、事件关系和语义信息，发现有价值且可理解的视频模式。然而，由于视频数据的非结构性，使传统基于关系数据库和事务数据库的数据挖掘技术难以直接应用于视频数据挖掘。视频数据与人类语义理解之间的鸿沟，以及视频数据处理花费时间长，构成了视频数据挖掘的主要挑战。

为解决这些问题，研究者提出了多种适用于视频数据挖掘的方法和技术。其中，将计算机视觉、数字图像处理等领域的技术与传统数据挖掘技术相结合，成为视频数据挖掘的重要手段。通过运用这些技术，视频数据挖掘不仅能够提升视频资源的检索与定位效率，还能提取出潜在的、有用的智能信息，从而显著提升视频数据处理的智能化水平。这一领域的研究和应用，对于应对视频数据的爆炸式增长和提升视频数据管理的智能化程度具有重要意义。

（二）视频数据挖掘的分类

视频数据挖掘的研究始于 21 世纪初，发展时间较短暂。视频数据挖掘作为数据挖掘中的一个研究方向，其技术尚未成熟，也缺乏经典和公认的分类理论。这部分内容将从多个角度对视频数据挖掘的工作进行分类，以求对视频数据挖掘技术有较为深刻的认识。

1. 依据挖掘领域的视频数据挖掘分类

视频数据挖掘的分类可依据其目标所关联的领域进行划分，具体包括交通视频挖掘、医学视频挖掘、娱乐视频挖掘等类别。尽管这种分类方式在表面上可能显得过于宽泛，但其实际意义却不容小觑。不同领域的视频数据通常具有其独有的特征，这些特征直接影响视频挖掘的目标和方法选择。例如，交通视频挖掘主要针对监控视频，其背景通常较为稳定，这一特性有助于简化数据处理过程，提高分析效率。相比之下，体育娱乐视频挖掘则更注重场景语义的识别，如捕捉关键动作或重要事件。交通视频挖掘的核心在于对象（如车辆）及其运动状态的监测，如超速车辆的检测与追踪。基于领域的视频数据研究方法不仅能够降低研究复杂度，还能在实际应用中展现出卓越的价值。通过对不同领域视频数据进行针对性的挖掘，研究者能够更高效地提取出有价值的信息，从而为相关领域的实际需求提供有力支持。这种分类方法为视频数据挖掘的研究与应用提供了清晰的框架，有助于推动该领域的进一步发展。

2. 依据挖掘对象的视频数据挖掘分类

视频数据挖掘作为一种新兴的数据分析技术，其研究对象与传统数据挖掘存在显著差异。视频数据挖掘以视频数据为分析对象，但并非直接处理原始视频文件，而是通过特定的预处理手段对视频数据进行结构化处理，从而形成可挖掘的数据单元。根据视频数据的特征和挖掘需求，视频数据挖掘可分为基于镜头和基于对象这两类分析方法。基于镜头的挖掘方法以镜头作为基本分析单元，镜头作为视频中连续帧的集合，能够承载基本的语义信息，而单帧图像往往难以独立表达完整的语义内容。此外，考虑到视频压缩技术的特性，在某些视频格式中，相邻帧之间存在数据依赖关系，难以进行有效的分离，因此，以镜头为基本单位更符合视频数据的特性。基于对象的挖掘方法则以视频画面中的特定物体为分析对象，这些物体可能呈现出静态特征，如字幕等固定元素，也可能具有动态特性，如移动的车辆等需要跨帧追踪的目标。这种挖掘方法通过对视频数据的空间分割，能够有效提取关键信息，过滤冗余内容，从而实现更精准的信息提取和分析。这两类方法分别从时间和空间维度对视频数据进行结构化处理，为后续的深度分析和知识发现奠定基础。

3. 依据挖掘体系的视频数据挖掘分类

视频数据挖掘的分类体系涵盖了多个关键维度，主要可归纳为特殊模式探测、视频聚类与分类，以及视频关联挖掘三大类别。特殊模式探测，旨在通过预先构建的模型识别视频中的特定模式，这些模式通常与特定事件或行为相关联，从而实现对视频中关键信息的有效提取与分析。视频聚类与分类则侧重于依据视频内容的主题特征进行组织和归类，其中分类方法依赖于预定义的类别体系，而聚类方法则基于视频数据的相似性特征进行自动分组，这有助于对大规模视频数据进行结构化处理与理解。视频关联挖掘通过运用关联分析技术，揭示了视频中不同元素之间的潜在关系，进而挖掘出隐含的信息与模式，为深入理解视频内容提供了有力支持。这一分类体系不仅系统性地涵盖了视频数据挖掘的核心领域，还为相关研究与应用提供了全面的理论框架和实践指导。

4. 依据挖掘技术的视频数据挖掘分类

依据挖掘技术的不同，视频数据挖掘可划分为两大类别。

一类是采用传统数据挖掘技术的视频挖掘方法，其核心在于利用文本信息或其他标注信息作为挖掘对象，并运用传统的数值型数据库挖掘技术或类似技术进行处理。这种方法依赖于人工标注，虽然在一定程度上能够实现数据挖掘的目标，但其主观性和随意性成为明显的限制因素。

另一类是基于内容的视频数据挖掘，其技术基础主要涉及数字图像处理与计算机视觉等多媒体相关领域。此类方法能够直接反映视频数据的本质特征，避免了人工标注带来的偏差，因而更具客观性和准确性。然而，由于视频数据结构的复杂性和视频流模型构建的困难，加之相关数学理论尚未完全成熟，使基于内容的视频挖掘技术在实际应用中面临诸多挑战。正因如此，该领域成为当前研究的热点，吸引了众多学者致力于解决其技术难题并推动其进一步发展。

5. 依据信息来源的视频数据挖掘分类

在视频数据挖掘领域，信息来源的分类主要依据所利用的数据类型及其特征。视频画面作为核心信息来源，承载了视频流中最本质的特征，可视为一系列具有时序关联性的静态帧序列。通过对这些静态帧的图像特征进行提取与分析，能够有效反映视频内容的本质属性。此外，音频信息作为视频流的重要组成部分，在视频数据挖掘中具有显著的补充价值。音频数据不仅能够独立提供信息，还能与视频画面形成多模态协同，从而增强人们对视频内容的理解与分析。此外，文字信息作为另一种重要的辅助数据，在视频文件中同样占据关键地位。无论是电影、动画，还是电视节目，文字信息通常以字幕、标题或描述等形式呈现，能够直接补充和解释视频内容。因此，基于文字信息的挖掘工作也成为视频数据挖掘中不可或缺的一部分。通过综合利用视频、音频和文字信息，视频数据挖掘能够更全面地捕捉视频内容的多维度特征，从而提升分析的深度与准确性。

二、视频编码技术与分类

（一）视频编码技术概述

连续模拟视频信号因其固有的连续性特征，无法直接在现代计算机系统或数字设备中进行有效处理与传输。为了适应数字技术的需求，必须将其转换为离散的数字形式，这一转换过程被称为视频数字化和视频编码。

1. 视频数字化

视频数字化的核心在于采样与量化两个关键步骤。采样过程涉及将视频信号在空间或时间维度上进行离散化处理，通过有限的采样点来近似表示原始连续的信号。采样的密度直接影响数据的规模，采样点越多，数据量越大，反之则越小。量化则是将采样后离散信号进一步转化为有限的离散值，每个值对应一个特定的码字，从而形成数字视频。量化可以在空间域、时间域或变换域（如频域）中进行，其目的是将连续的模拟信号转化为计算机可处理的数字形式。通过这一系列转换，视频信号得以在数字系统中高效传输、存储与处理，为现代多媒体技术的发展奠定了坚实基础。

数字化的语音信号具有巨大的数据量，其存储、传输和处理对计算机的性能、数据传输率、信道带宽都提出了极高的要求[①]。

---

① 曾冬梅. 基于预测编码的语音压缩技术研究 [J]. 无线互联科技，2019，16（14）：128-129.

2. 视频编码

视频编码作为数字视频处理、传输与存储的核心技术，其重要性不言而喻。由于原始视频的数据量通常极为庞大，无论采用何种采样方法或数字视频信息格式，若不进行有效压缩，实时传输几乎无法实现。视频编码的核心目标在于通过去除数据中的冗余信息，显著降低视频序列的数据量，从而在有限的带宽或存储条件下实现高效传输与存储。视频数据中的冗余主要表现为空间冗余、时间冗余以及其他形式的冗余信息。静止图像的压缩主要集中于消除空间冗余，即在保证重建质量的前提下，最大限度地减少图像内部的相关性。而视频信号的压缩则更为复杂，不仅需要消除空间冗余，还需去除时间维度上的冗余信息，如帧与帧之间的相似性。通过综合运用多种压缩技术，视频编码能够在保持较高视觉质量的同时，显著提升压缩效率并降低数码率，从而为实时视频传输和大规模视频存储提供技术保障。这一过程不仅优化了资源的利用效率，也为数字视频技术的广泛应用奠定了坚实基础。

（二）常见的视频编码技术

1. 熵编码技术

熵编码技术作为无损压缩编码的一种，其核心目标是通过去除冗余数据，将比特率压缩至信源的熵值下界。不同的熵编码方法在去除冗余数据的效率上存在差异，常见的熵编码方法包括霍夫曼编码、算术编码和游程编码。

霍夫曼编码基于变字长编码理论，通过为不同概率的信息符号分配不等长的二进制码字，实现高效压缩。具体而言，出现概率较高的符号被赋予较短的码字，而出现概率较低的符号则被赋予较长的码字。尽管霍夫曼编码在理论上具有最佳压缩性能，但其应用存在一定的局限性。一方面，该方法要求已知信源的概率分布，而在实际应用中这一条件往往难以满足；另一方面，霍夫曼编码无法为最高概率符号分配少于一位的码字，这在一定程度上限制了其进一步降低编码效率的潜力。

算术编码通过自适应机制克服了霍夫曼编码对信源概率分布的依赖，使其尤其适用于无法进行精确概率统计的信源编码场景。当信源符号的概率分布较为接近时，算术编码的压缩效率显著优于霍夫曼编码。然而，算术编码的算法复杂度和硬件实现难度较高，这在一定程度上限制了其广泛应用。

游程编码作为一种无失真压缩方法，主要应用于多媒体领域的静止图像数据压缩标准中。其基本原理是通过记录连续重复符号的出现次数而非符号本身，从而实现数据的高效压缩。尽管游程编码在特定场景下表现优异，但其适用性受限于数据的统计特性。总体而言，熵编码技术的选择需综合考虑信源特性、压缩效率及实现复杂度等多方面因素，以实现最优的压缩效果。

2. 变换编码技术

变换编码技术是一种通过数学变换，将数据从一种形式转换为另一种形式的方法，旨在实现数据压缩。该技术通过对信号进行数学变换，生成一组变换系数，随后对这些系数进行量化和编码，从而降低数据的冗余度。在时域中，信号通常需要大量的数据点来表示，而一旦转换到频域，仅需少量数据点即可有效表示相同的信号。这是因为信号在频域中往往仅包含少量的频率成分，从而显著降低了数据的复杂性。

变换编码的核心目标是消除信号之间的相关性，通常通过正交矩阵变换来实现。正交矩阵变换能够提取信号中的重要特征，使其更易于压缩。然而，变换编码技术通常属于有损压缩技术，这意味着在压缩过程中会不可避免地丢失部分信息。在众多变换编码技术中，离散余弦变换（DCT）和小波变换是两种最为常见的方法。DCT 的性能接近于最优的 K-L 变换；而小波变换则是一种新兴的技术，能够综合考虑空间和时间因素，因此，在某些应用场景中表现出独特的优势。

K-L 变换，即 Karhunen-Loeve 变换，是一种基于数据统计特性的正交变换方法，也被称为特征向量变换或主分量变换。该变换通过一组不相关的系数来表示连续信号，从而实现信号的正交分解。K-L 变换能够使向量信号的各个分量互不相关，因此在均方误差准则下，它是一种失真最小的变换方法，被称为最佳变换。尽管 K-L 变换在理论上具有最优性能，但由于其缺乏通用的变换矩阵，且计算复杂度较高，难以满足实时处理的需求，因此在实际应用中较少使用。尽管如此，K-L 变换在语音和图像压缩中仍表现出色。例如，在语音压缩中，13.5 Kb/s 的 K-L 变换压缩效果可与 56 Kb/s 的 PCM 编码相媲美；在图像压缩中，2 位 /pixel 的 K-L 变换质量可与 7 位 /pixel 的 PCM 编码相当。

相比之下，离散余弦变换（DCT）作为一种次最佳正交变换，因其计算复杂度适中且具有快速算法，在实际应用中得到了广泛采用。DCT 是傅里叶变换的一种特殊情况，适用于实偶函数的展开。通过将傅里叶级数离散化，DCT 能够将信号从空间域转换到频域。在频域中，信号的大部分能量集中在少数低频系数上，且不同频域分量之间的相关性显著减弱。因此，仅需利用少数几个能量较大的低频系数即可有效恢复原始图像，而其余低能量系数则允许有较大的失真甚至置零，这是 DCT 能够实现高效图像压缩的关键所在。DCT 不仅具有正交变换的优势，其运算还能够通过快速傅里叶变换（FFT）实现，从而在硬件和软件中均易于实现高效运算。此外，DCT 的对称性使其逆变换能够用于图像解压缩，进一步增强了其实用性。

3. 预测编码技术

预测编码技术是一种基于数据冗余性的压缩方法，其核心思想是利用数据之间的相关性来减少信息传输或存储的冗余。在预测编码中，并非直接对当前符号进行编码，而是通过分析相邻符号的统计特性构建预测模型，根据预测当前符号，仅对预测误差进行编码。这种编码方式能够显著降低数据量，同时保持较高的信息保真度。帧内预测是预测编码的一种重要实现方式，其利用同一帧内相邻像素之间的空间相关性进行预测。由于自然图像在水平和垂直方向上通常具有较高的局部相似性，相邻像素值之间也呈现较强的统计依赖关系，因此，可以通过已知像素值对未知像素进行有效预测，减少编码所需的信息量。帧间预测则进一步利用了视频序列中时间维度上的相关性。在连续的视频帧中，相邻帧之间的像素变化通常较为有限，尤其是在静态或运动缓慢的场景中，亮度与色度信息的变化程度往往低于一定阈值。帧间预测通过运动估计、运动补偿等技术，充分利用帧与帧之间的时间相关性，进一步提升了编码效率。常见的帧间预测方法包括帧重复、帧内插以及自适应交替等策略，这些方法能够有效捕捉视频序列中的时间冗余，从而实现更高效的数据压缩。

（三）视频编码的新兴技术

1. 小波编码技术

小波编码技术作为一种先进的信号处理方法，在时频分析领域展现出显著的优势。与传统的 Fourier 变换和窗口 Fourier 变换（Gabor 变换）相比，小波编码技术具有时间和频率的局域化特性，能够通过伸缩和平移等操作对信号进行多尺度细化分析。这一特性使其能够有效克服 Fourier 变换在处理非平稳信号时的局限性，从而在信号信息的提取与处理中表现出更高的适应性和精确性。小波编码技术的理论研究与实际应用紧密结合，尤其在电子信息技术领域，取得了显著进展。电子信息技术作为六大高新技术之一，在图像和信号处理方面至关重要，而信号处理的核心目标在于实现信号的准确分析、编码压缩、快速传输与存储，以及精确重构。

从数学视角来看，图像处理可视为信号处理的一种特殊形式，而小波编码技术在信号处理中的应用已广泛覆盖非平稳信号的处理需求。尽管 Fourier 分析在处理稳态信号时仍具有良好效果，但在实际应用中大多数信号表现为非稳态特性，因此小波编码技术成为处理此类信号的首选工具。小波编码技术的应用范围极为广泛，涵盖数学、信号分析、图像处理、量子力学、理论物理、军事电子对抗、计算机识别、语音合成、医学成像、地震勘探及机械故障诊断等多个领域。在数学领域，小波编码技术被用于数值分析、快速算法设计、微分方程求解及控制论研究；在信号处理中，小波编码技术被应用于滤波、去噪、压缩与传输；在图像处理中，小波编码技术被应用于图像压缩、分类、识别及去污等；在医学成像领域，小波编码技术显著提升了 B 超、CT 和核磁共振成像的分辨率，并缩短了成像时间。这些应用充分体现了小波编码技术在现代科学技术中的重要作用及其广泛的应用前景。

2. 基于对象的视频编码技术

基于对象的视频编码技术代表了视频编码领域的一次重要革新，其核心思想在于将视频内容分解为多个独立的视频对象，而非传统的以帧为单位的编码方式。这种技术充分利用了人眼的视觉特性，从轮廓、纹理等角度出发，支持基于内容的交互操作，从而显著提升了视频编码的灵活性和交互性。与传统的基于帧的编码方法相比，基于对象的视频编码技术被视为第二代视频编码技术，其应用范围涵盖了网络视频游戏、交互数字电视等多个领域。

在基于对象的视频编码技术中，编码的基本单元是任意形状的视频对象。这项技术通过将视频序列分割为多个视频对象，以及背景和辅助信息，并对每部分内容分别进行编码、存储、处理和传输，实现了对视频内容的高度灵活描述。在解码端，用户可以根据需求选择特定的视频对象进行合成，从而生成所需的画面。这种编码方式不仅简化了基于内容的交互操作，还能够根据视频内容的特性灵活分配编码比特，为编码性能的优化提供了新的可能性。

视频对象的分割与提取是基于对象视频编码的关键技术，其在新一代视频编码思想提出之初便得到了广泛关注。视频对象的分割主要分为自动分割技术和半自动分割技术。自动分割技术通过综合利用视频序列的时域和空域信息，由计算机自动完成对视频内容的分割。具体而言，时域分割用于确定运动对象的位置，而空域分割则用于精确描绘对象的轮廓。尽管自动分割技术能够实现实时处理，但其分割效果往往受限于视频内容的复杂程度，难以满足高质量分割的需求。半自动分割技术则通过引入一定程度的人工辅助，显著提升了分割的精度。用户可通过绘制关键帧中视频对象的基本轮廓，计算机随后可利用图像处理技术生成精确的边缘曲线，并在后续帧中自动跟踪视频对象。尽管半自动分割技术在实时性方面存在局限，但其在非实时场景中的应用效果显著优于自动分割。

基于对象的视频编码技术以任意形状的视频对象为基础，将视频序列分解为多个视频对象，每个视频对象由一系列时间上连续的视频对象平面构成。这些视频对象平面作为基本的编码单元，通过形状、纹理和运动三个维度的信息协同描述，实现了对视频内容的全面描述。其中，形状信息的引入在提升图像主观质量和编码效率方面发挥了重要作用，同时为基于对象的视频描述和交互操作提供了重要支持。

在技术实现层面，基于对象的视频编码技术主要依赖于形状编码、运动估计和纹理编码等方法。这些方法分别针对视频对象的不同特性进行优化，共同构建了一个高效且灵活的编码体系。通过综合运用这些方法，基于对象的视频编码技术不仅能够实现对视频内容的高效压缩，还能够保留足够的细节和交互性，从而满足多样化的应用需求。

三、基于内容的视频检索技术

（一）镜头检测

视频由多个镜头组成，镜头的连接方式主要有突变和渐变两种。镜头的突变指的是两个镜头之间直接连接，没有任何过渡编辑效果；镜头的渐变是指通过编辑手法在两个镜头之间进行平滑过渡。在切换镜头时，视频会在视觉上产生相应的变化，这些变化主要体现在视觉差异上。

镜头检测的处理操作旨在发现视频中这些变化的规律，并确定变化的边界。由于一个镜头内的各个帧之间差异较小，反映的内容相似；而不同镜头之间由于内容发生变化，帧之间差异较大。因此，当前镜头检测的研究主要依据视频数据是否经过压缩来展开。镜头检测是视频处理的第一步，下面介绍常用的镜头检测算法。

1. 基于边缘的算法

在镜头变换时，变换点前后的帧内容均发生了显著变化，其中对象的轮廓也随之改变。因此，边缘特性成为镜头检测的重要依据。通过跟踪对象边缘的变化来计算帧间差异，从而判断镜头的变换。其基本思想在于：当镜头转换时，新出现的边缘与旧边缘之间应存在较大的空间距离；同样，旧边缘消失的位置与新边缘的位置也应存在较大间隔。该算法的具体过程包括：首先计算帧间的总体位移，采用图像配准技术，并对图像进行高斯平滑处理，其次使用 Canny 算法提取边缘特征，最后得到边缘的数量和位置。

在该算法中，使用入边缘 ρ_{in}、出边缘 ρ_{out} 和边缘变化系数 ρ 来刻画对象边缘的改变程度。其中，入边缘 ρ_{in} 是指第二幅边缘图像 E_{i+1} 和第一幅边缘图像 E_i 中，最近边缘超过给定阈值 T_l 的边缘像素数目的百分比。出边缘 ρ_{out} 是指在第一幅边缘图像 E_i 和第二幅边缘图像 E_{i+1} 中，最近边缘的距离大于给定阈值 T_l 的边缘像素数目的百分比。边缘变化系数 ρ 是指入边缘和出边缘的最大值，如果 $\rho=\max(\rho_{in}，\rho_{out})$，则边缘变化系数就可以描述帧间的不相似性；如果 ρ 大于阈值，则认为镜头发生了变换。

在一个给定的时间窗口中，如果相邻帧出现边缘距离非常近的情况，为了减少对象运动的影响，则不认为这两帧之间存在分界点。

2. 基于颜色直方图的算法

在视频分析领域，基于颜色直方图的算法因其高效性和实用性而被广泛应用。与基于像素的算法不同，后者因过度依赖像素的位置信息而对镜头移动较为敏感，从而限制了其在复杂场景中的应用；而基于颜色直方图的算法则通过统计像素的灰度值和色彩值来量化两帧之间的差异，故而展现出更强的抗噪能力。

该算法的基本思想是，在图像中，由于颜色信息对运动的容忍度较高，直方图作为描述图像颜色分布的有效工具，能够在同一镜头内保持相对稳定。即使镜头中的对象发生运动，直方图通常也不会出现显著变化，因为帧间背景的相似性使直方图表现出高度的一致性。然而，当相邻两帧的直方图出现显著差异时，通常意味着镜头发生了变换。基于直方图的帧间差计算原理为：首先将颜色空间划分为若干小分区，其次统计每个分区内相邻帧的像素数目，从而生成两帧的颜色直方图，并通过计算直方图之间的差异来确定帧间差。

设颜色空间被划分为 N 个小分区，$h_i(k)$、$h_{i+1}(k)$ 分别表示相邻两帧落在颜色空间中的第 k 个小区间内的像素数目。那么这两帧图像的帧间差，即直方图。距离定义如式（4-1）所示：

$$D_{i,i+1} = \sum_{N}^{k=1} \left| h_i(k) - h_{i+1}(k) \right|$$

（4-1）

在单纯的直方图基础上，为了更精确地描述两帧之间的距离，提出了几种基于直方图的帧间距离计算方法。其中，用 χ^2 直方图法来计算帧间差，χ^2 直方图平方差比单纯的直方图差更加放大了两帧之间的距离差异。距离定义如式（4-2）所示：

$$D_{i,i+1} = \sum_{N}^{k=1} \frac{\left(h_i(k) - h_{i+1}(k)\right)^2}{h_{i+1}(k)} \qquad (4-2)$$

Rainer Lienhart 提出的直方图交集算法利用了最值相似系数，其距离定义如式（4-3）所示：

$$D_{i,i+1} = 1 - \frac{\sum_{N}^{k=1} \min\left(h_i(k), h_{i+1}(k)\right)}{\sum_{N}^{k=1} \max\left(h_i(k), h_{i+1}(k)\right)} \qquad (4-3)$$

在视频分析中，尽管基于直方图的方法对运动具有一定的耐受性，但在某些特定情况下，其性能仍可能受到限制。当镜头中的对象运动导致颜色整体发生显著变化时，基于直方图的方法可能无法准确反映帧间的真实差异，进而影响镜头检测的有效性。此外，若两幅来自不同镜头的图像帧在结构上存在显著差异，但其直方图却表现出相似性，那么基于直方图比较的方法在判断镜头变换时可能会出现漏检现象，从而导致性能下降。

为解决上述问题，研究者提出采用累积直方图来表征视频帧间的特征差异。其中，累积直方图帧差如式（4-4）所示：

$$\sigma_c(i, i+1) = \left[\frac{1}{n-1} \sum_{k=1}^{n} DC_{i,i+1}(k) - \overline{DC})^2 \right]^{1/2} \qquad (4-4)$$

式中，n 是累积直方图差异的级别总数，$DC_{i,i+1}(k)$ 是第 i 帧和第 $i+1$ 帧的累积直方图差异在差异级别 k 上的值，$\overline{DC}$ 是 $DC_{i,i+1}(k)$ 的平均值。结合累积直方图和滑动窗口方法，能够显著降低漏检和误检的概率。滑动窗口方法通过在连续帧序列中，动态选取局部帧段进行分析，增强了对镜头突变边界的敏感性，从而提高了检测的准确性和可靠性。与此同时，基于直方图的方法还可以通过分析帧间差值曲线来进一步优化检测效果。该方法的核心在于忽略帧间差值的短期波动，直接计算波动前后两帧之间的差值。这一策略有效解决了因对象运动引起的帧间差值波动所导致的镜头渐变误检问题，进一步提升了基于直方图方法在视频分析中的应用价值。

3. 基于像素的算法

基于像素的算法以像素差作为帧间差异的基础，其核心是通过比较两帧图像对应位置像素的差值来判断像素是否发生变化。当像素差值超过预设阈值时，即可认为该像素发生了改变。设两帧图像在 (x, y) 处的像素分别为 $f_i(x, y)$ 和 $f_{i+1}(x, y)$，则两帧图像对应像素的差值定义，如式（4-5）所示：

$$D_{i,i+1}(x, y) = \left| f_i(x, y) - f_{i+1}(x, y) \right| \tag{4-5}$$

在视频分析中，传统的基于像素的算法通过统计两帧图像之间发生变化的像素数目来判断镜头变换，当变化的像素数目超过预设阈值时，即认定镜头发生切换。然而，该算法对运动较为敏感，容易因对象的微小运动而引发错误检测，从而降低算法的准确性。为克服这一局限性，研究者提出一种改进算法，即将每帧图像划分为 m×m 的子块，计算两帧对应子块的灰度差，并与预设阈值进行比较。若灰度差超过阈值，则认为该子块发生了变化。这种算法从像素层面的分析提升到对子块层面的分析，能够在一定程度上降低对运动的敏感性，从而减少因运动引起的误检，提高镜头变换检测的准确性和鲁棒性。同样的，对应子块 $\left(n_x, n_y \right)$ 的像素差值的定义如式（4-6）所示：

$$\mathrm{D}_{i,i+1} = \sum_{y=n_y/2}^{y=-n_y/2} \sum_{x=n_x/2}^{x=-n_x/2} \left| f_i(x, y) - f_{i+1}(x, y) \right| \tag{4-6}$$

在视频分析中，通过统计两帧之间发生变化的子图像数目是否超过设定域值来判断镜头切换，这种算法在一定程度上改善了对运动的敏感性。然而，当镜头中存在高速运动的对象时，仍然容易导致检测错误。因此，该算法通常不会单独使用，而是需结合其他算法以提高整体性能。通过多种算法的协同作用，可以有效提升镜头切换检测的准确性和鲁棒性，从而更好地应对复杂的动态场景。

4. 双阈值法

双阈值法在镜头突变和渐变检测中具有显著优势。当镜头突变时，帧间距离会出现明显的波峰，通过单一阈值判断可以较容易地检测出镜头突变。然而，单一阈值在检测镜头渐变时会造成漏检，因为渐变边界处的帧间距离远小于突变边界处的帧间距离。为解决这一问题，提出了双阈值方法，即通过设定一大一小两个阈值，来分别检测镜头突变和渐变。大阈值用于检测突变，当帧间差超过大阈值时，判定为镜头突变；若未超过，则使用小阈值检测渐变，当帧间差超过小阈值时，记录当前帧为渐变的起始帧，并将后续帧与该起始帧比较，累加帧间距离，直到累计值差超过大阈值，标记为渐变结束帧，否则认为不存在渐变。

双阈值法的局限性在于小阈值的设定必须能够准确检测出渐变的起始帧。为了解决这个问题，研究者提出了基于多帧抽样的双阈值法。该算法通过对视频帧进行抽样，抽取多个帧，并利用这些帧之间的距离来检测可能的渐变点。在检测出的可能渐变区域内，利用各帧与渐变首帧的距离和阈值进行比较，以判断是否存在渐变。多帧抽样的帧间距离定义如式（4-7）所示：

$$D_i^k = d\left(x_i, x_{i+k}\right) \tag{4-7}$$

其中，k 为抽样频率，设视频总帧数为 N，则 $i=1, 2, 3, ..., N-k$。当 D_i^k 满足以下条件时，则认为存在渐变。

时间 i 处的邻域距离差值变化很小：$D_i^k \approx D_j^k$，$j \in [i-s, i+s]$，其中 s 是度量差值变化的时间值。

高低临界条件为：$D_i^k \geq 1 * D_{i-[k/2]-1}^k$，$D_i^k \geq 1 * D_{i+[k/2]+1}^k$。基于多帧抽样的方法能够克服难以检测渐变起始的问题，从而更好地定位渐变起始点。

5. 滑动窗口

滑动窗口检测法是一种常见的镜头突变检测方法，能够有效规避选择适当阈值的困难。该方法采用长度为 2R+1 的滑动窗口，将待检测的帧置于窗口的中间位置，然后计算帧间差。帧间差的公式定义如式（4-8）所示：

$$D = \sum_{R}^{i=-R} |f(x,y,i) - f(x,y,i+1)| \tag{4-8}$$

滑动窗口检测法的不足之处在于，当拍摄过程中存在晃动或镜头中有大对象运动时，容易导致镜头内各帧之间的差异较大，从而引发漏检。这种方法在处理动态场景时可能会受到一定限制，需要结合其他方法以提高检测的准确性和鲁棒性。通过多种检测方法的综合应用，可以更好地应对复杂的镜头变换场景，以提升整体检测性能。

（二）特征提取

在视频分析与检索领域，特征提取是构建有效检索系统的核心环节，可分为静态特征提取和动态特征提取两大类别。基于内容的视频检索通常依赖静态特征提取来构建特征空间，视频的聚类与检索查询均在此空间中展开。而关键帧序列作为视频静态特征提取的集中体现，在基于内容的视频检索中具有不可替代的重要性。低层视觉特征，如颜色特征、纹理特征和形状特征等，是视频检索中常用的特征类型。

1. 颜色特征的提取

颜色特征的提取是图像分析中最为广泛应用的技术之一，其中颜色直方图法占据主导地位。在应用该方法时，首先需选择适用于实际应用需求的色彩空间模型，如 RGB、HSV、YUV 等。当选定色彩空间模型后，再对图像色彩进行建模，对颜色进行量化处理，最终计算颜色直方图以完成特征提取。

2. 纹理特征的提取

纹理特征的提取则关注图像中物体表面的视觉特征，可通过粗糙度、近似线性、对比度、粗略度、方向性和规则性六个方面进行描述。在图像处理领域，纹理特征的提取通常基于共生矩阵实现，通过建立像素的方向和距离关系构建共生矩阵，并从中提取统计特征。此外，小波变换也是一种有效的纹理特征提取方法，能够捕捉图像的多尺度纹理信息。

3. 形状特征的提取

形状特征的提取旨在从图像中识别并提取目标对象的形状信息，对于图像语义内容的表达具有重要意义。然而，由于目标对象在图像中的形态复杂，以及视角变化，目前尚未开发出一种能够完全准确描述人类对目标形状主观感受的统一模型。尽管如此，研究者们仍致力于开发有效的形状特征提取方法，其中傅立叶描述子和不变矩是两种典型的技术。这些方法通过数学工具对形状进行量化描述，为图像处理和视频检索提供了有力支持。

4. 立体图像任意剖面轮廓线提取

基于对剖面轮廓线的插值、排序、旋转等处理构建了三维形体，采用凸包压入法对剖面轮廓线进行提取[①]。其中，凸包压入法作为一种精确的轮廓线提取方法，能够有效解决剖面线和交点之间的复杂问题。该方法的核心思想是将位于轮廓线外部的包络交点优先引入轮廓线中，从而确保轮廓线的准确性和完整性。具体而言，凸包压入法的实施步骤包括标记横坐标最小的点，

---

① 冯丽露，康耀龙.立体图像任意剖面轮廓线提取方法仿真研究 [J].计算机仿真，2022，39（8）：239-242+285.

计算其余点与初始点连线的水平方向夹角的余弦值，再通过构建三角形，逐步确定轮廓线的后续点。这一过程通过迭代计算，最终形成精确的边缘轮廓线。然而，在将交点加入剖面轮廓线后，由于交点的随机分布特性以及加入后剖面形态的不确定性，轮廓线的精确提取仍面临一定的挑战。因此，确立交点与轮廓线的位置关系，并将交点合理融入轮廓线中，是实现剖面轮廓线精确提取的关键所在。

第三节　社交网络中热点话题的数据挖掘

一、社交网络特点

相较于传统的互联网媒体，社交网络作为一种新兴的互联网媒体形态，如 Web 新闻、论坛、贴吧及个人博客，展现出独特的魅力与优势。其信息覆盖面广泛，囊括了社会生活的方方面面，满足了用户多样化的信息需求。同时，社交网络以其传播速度快著称，信息更新频率极高，能够确保用户实时获取最新的资讯与动态。在用户参与度方面，社交网络更是独树一帜，通过构建高度互动的平台，激发了用户的参与热情，形成了庞大的用户群体，营造出活跃的社区氛围。

在开放程度上，社交网络保持了一定的开放性，既允许用户自由表达观点，又促进了信息的广泛流通与共享。在信息组织方式上，社交网络采用了网状结构，这种结构不仅增强了信息之间的关联性，还提升了用户浏览与检索的效率。此外，社交网络的元数据丰富且易于理解和使用，为用户提供了便捷的信息管理与分类工具。

（一）短文本与多样性

一方面，由于社交网络平台对文本长度的限制，如 Twitter、新浪微博等平台均设有字数上限，促使用户采用简洁明了的语言进行表达，降低了写作门槛，吸引了更多用户的参与。另一方面，社交网络中的内容多围绕用户个人生活状态展开，体现了用户自主性与个性化的特征。用户通过分享生活中的新鲜事、交流经验与看法，不仅加深了彼此的联系，还促进了信息的广泛传播与深度挖掘。

　　此外，社交网络中的文本表达倾向于口语化，这种表达方式更加贴近用户的日常生活，使信息表达更加生动、丰富多样。然而，这也为话题挖掘带来了一定的挑战，因为口语化的表达方式往往缺乏规范性，增加了信息处理的复杂度。尽管如此，社交网络的这些特点仍然在信息传播、用户互动及社区建设等方面具有独特的优势与价值。

（二）网状传播性

　　社交网络作为一个用户广泛参与的平台，其信息传播模式呈现出显著的网状特征。在这一网络中，用户不仅是信息的接收者，更是信息的创造者与传播者，通过关注与被关注的关系建立起复杂的社交网络结构。这种结构可以通过有向图进行直观呈现，其中节点代表用户，节点的出度与入度则分别表示用户的关注与被关注情况。节点的大小与用户的入度数呈正相关，反映了用户在社交网络中的受关注程度。

　　在社交网络中，用户的行为差异使得他们扮演着不同的角色，这些角色对于热点话题的挖掘与传播具有重要影响。具体而言，可以将社交网络用户分为信息发布者、信息搜索者以及社交需求者。信息发布者作为社交网络中信息的主要来源，他们通常拥有超高的人气，但关注的用户相对较少。这类用户发布的信息往往能够迅速引发大量评论与转发，而这类用户也成为信息传播的关键节点。信息搜索者则主要通过社交网络平台获取感兴趣的话题，他们关注众多信息发布者，但自身发布信息的频率较低，人气也相对较低。社交需求者则主要关注自己的亲人或朋友，与他们互动交流，发布信息的频率适中，不会引起大规模的转发或评论。

　　不同类型的用户在社交网络中相互交织，共同构成了复杂的网状传播结构。正是在这种结构中，信息通过用户的关注关系进行快速传播，形成了独特的信息传播路径与模式。因此，深入研究社交网络用户的分类及其行为特征，对于理解社交网络中的信息传播机制、挖掘热点话题，以及提升社交网络平台的运营效率具有重要意义。

二、社交网络的数据采集

　　社交网络数据采集是研究社交行为、信息传播和用户互动模式的重要基础。而新浪微博作为国内领先的社交媒体平台之一，为研究人员提供了开放的 API 接口，以便直接下载公开数据。数据采集的流程涉及多个步骤，包括注册新浪微博账号、登录开放平台并创建应用，然后获取应用的 APP_KEY 和 APP_SECRET。开放平台通过 APP_KEY 鉴别应用身份，以确保数据访问的安全性和合法性。随后，研究人员需使用 APP_KEY 和 APP_SECRET 获取 ACCESS_TOKEN，并进一步获取 APP_TOKEN，最终利用该令牌下载相应的微博数据。

新浪微博提供了丰富的 API 接口，研究人员可以通过特定的 API 接口获取最新的微博公开数据，并且可以根据分类进行数据检索。值得注意的是，APP_TOKEN 的有效时间为 24 小时，且 API 接口对数据下载设置了严格的权限限制，以防止恶意下载行为的发生。具体而言，每小时的请求次数和每次请求返回的数据量均受到限制，一旦违反规定，账户可能会被加入黑名单，从而无法获取任何数据。

为了高效采集数据，研究人员可以设置自动获取机制，如设置每小时请求 180 次，每次获取 200 条微博的自动获取机制。在 24 小时内，该机制可发出 4320 次请求，共计获取 864000 条微博数据。这种自动化的数据采集方式不仅提高了数据获取的效率，也为后续的实验和分析提供了丰富的测试数据，为社交网络研究提供了有力支持。

三、热点话题发现的技术

社交网络热点话题的研究是当前学术界的重要方向，众多学者致力于探索有效的话题发现模型与方法。尽管已有多种模型被提出，但其基本思路均具有一致性。话题挖掘的核心在于通过机器识别输入文本，并基于文本之间的相似度将其划分为若干集合，进而通过聚类算法提取潜在主题。

话题挖掘的过程通常包括文本预处理、模型构建、相似度计算，以及聚类算法和分类算法等环节。在预处理阶段，需对待处理文本进行噪声过滤，确保数据纯净性。随后，因为计算机无法直接处理自然语言文本，需将文本转化为计算机可识别的模型。在此基础上，可通过相关算法计算文本之间的相似度，判断其内容的相近程度。这一过程是话题发现的关键环节，其准确性直接影响话题挖掘的效果。

最终，通过聚类算法将相似文本聚合在一起，并提取出潜在的主题。聚类算法的选择需根据具体模型和数据特点进行优化，确保话题的准确性和一致性。这一过程不仅能够有效识别社交网络中的热点话题，还能为后续的分析与研究提供重要的基础。以下分别介绍话题挖掘过程中运用的相关技术。

（一）文本的获取与预处理技术

文本的获取与预处理技术在社交网络数据分析中至关重要。通过新浪微博 API 接口获取的原始数据通常为 JSON 格式，此时需要使用开源工具包，如 Jackson，来解析 JSON 格式的数据，从而提取微博的正文内容。在数据预处理阶段，首先需过滤掉无用的符号和信息，仅保留对话题有价值的文本内容。正则表达式是一种有效的工具，可以从微博文本中提取有效信息，去除无效信息。

分词处理是数据预处理的关键步骤之一。中文分词技术已经得到了广泛研究，常用的分词算法包括基于词典的分词、基于统计的分词和基于语义的分词。基于词典的分词通过预先设置分词词典，将句子切分成单字组合。并在词典中查找匹配的词语。基于统计的分词则通过统计语料库中相邻字同时出现的次数，建立语料概率库，并结合上下文进行分词。基于语义的分词可模拟人类的思维方式，根据语法和语义信息建立知识库，对句子进行拆分和识别。尽管基于语义的分词系统尚不成熟，但其研究仍在不断推进。

在具体应用中，ICTCLAS 是一个常用的分词系统，具有分词速度快、精度高的优点，并支持词性标注、命名实体识别和新词识别等功能。使用 ICTCLAS 进行分词处理，可以有效提高文本处理的效率和准确性。

此外，停用词过滤也是一个重要的预处理步骤。在社交网络文本中充斥着大量的功能词，如"的""啊""等"，这些词语对文本聚类并没有实际意义，而且在文本向量化时还会产生高维稀疏矩阵，影响处理效率。因此，需要对这些停用词进行过滤，保留主要词语作为特征词，以提高后续处理的准确性和效率。

（二）文本的模型构建技术

文本的模型构建技术在文本挖掘中起着至关重要的作用，通过提取预处理后文本的特征项，并将特征项转换为计算机可理解的模型，使计算机能够基于这些模型进行数值运算。文本表示模型旨在利用抽象化的表示方式，将文本内容转换为计算机内部可理解的形式，从而在结构和主题等角度真实反映文本内容。文本表示模型的有效性直接影响文本挖掘方法的性能，因此，众多学者致力于对该领域的研究，从而形成了多种理论与方法。

向量空间模型（VSM）是文本建模中常用的模型，其主要思想是将词语视为孤立的"词袋"，将文本转化为多维空间向量来表示。向量维度通常为词语，可以用维度的权重表示词语的特性。通过计算向量之间的相似度，可以表示文本间的相似度。TF-IDF 是一种常用的加权技术，用于计算词频和逆向文件频率，从而衡量词语在文档中的重要性。

潜在语义分析（LSA）结合了数学与统计方法，通过抽取相关词语并推断词语间的语义关系来建立语义索引，再用语义空间结构表示文本文档。LSA 通过将高维向量映射到潜在语义空间，并使用奇异值分解技术，将特征项和文档映射到相同的语义空间，从而消除词语间的相关性。尽管 LSA 解决了一词多义和同义词对文本模型构建产生的影响，但其奇异值分解的计算代价较高，且缺乏统计学基础。

概率潜语义分析（PLSA）在 LSA 的基础上进行了优化改进，引入了概率的思想。PLSA 通过计算每篇文档被选中的概率、主题在文档上的条件概率以及词语在主题上的概率，经过迭代得到主题与词语间的关系，并转化为主题和文档的关系。PLSA 保留了 LSA 降维的优点，同时解决了 LSA 存在的问题，为文本模型构建提供了更为有效的方法。

这些文本表示模型在文本挖掘中发挥着重要作用，通过运用不同的技术手段，将文本内容转化为计算机可处理的形式，从而实现对文本数据的深入分析和挖掘。

（三）文本间相似度的计算

文本间相似度的计算是将文本内容转化为向量形式，然后利用向量间的度量方法来评估文本之间的相似程度。这一过程涉及将文本特征项表示为向量，从而将复杂的文本相似度问题简化为向量相似度的计算问题。常用的度量方法包括 Dice 系数法、Jaccard 系数法、余弦相似度和内积相似度等。这些方法通过特定的数学公式，量化了两篇文档在特征空间中的接近程度。例如，Dice 系数法通过计算两向量的交集与并集的比例来评估相似度，而 Jaccard 系数法则进一步考虑了向量的独特性。余弦相似度通过计算两向量夹角的余弦值，来衡量其方向的一致性，而内积相似度则直接计算两向量的点积。这些方法的核心在于通过数学公式将文本特征项的权重值（如 d_i 和 q_i）纳入计算，从而得出一个量化的相似度值（SIM）。该值越大，表明两篇文档在特征空间中的分布越接近，相似度越高；反之，则表明两篇文档的差异性较大。这些方法不仅适用于两篇文档之间的相似度计算，还可扩展至文档与类别之间的相似性评估，以及热点话题的发现等领域。近年来，国内外学者在这一领域进行了深入研究，提出了多种改进算法，有效提升了文本相似度计算的准确性和效率。

（四）文本聚类算法

文本聚类算法本质在于将语义相近的文本归为同一类别，并借助特定模型对类别特征进行概括。聚类过程的完成标志着话题发现的实现，后续工作主要集中于对聚类结果的语义进行提炼与表达。因此，文本聚类算法的选择与优化是话题挖掘任务中的关键环节。文本聚类算法主要可划分为基于划分的聚类算法、层次聚类算法、密度聚类算法及增量式聚类算法四大类，每类算法均具有其独特的理论基础与适用的应用场景。

基于划分的聚类算法通过预设类别数量，将数据集划分为若干子集，旨在实现类内距离最小化与类间距离最大化。基于划分的聚类算法的典型代表通过迭代计算文本与初始聚类中心的距离，动态调整文本所属类别，直至所有文本完成聚类。这一过程依赖于距离度量的精确性，适用于数据分布较为均匀的场景。

层次聚类算法则采用分层策略，通过自底向上或自顶向下的方式构建聚类结构。凝聚式方法从单个对象出发，逐步合并相似组别；分裂式方法则从整体数据集出发，逐步细化分组。层次聚类算法在处理孤立数据时，表现出较强的鲁棒性，能够有效捕捉数据间的层次关系。

密度聚类算法打破了传统距离度量的限制，通过密度分布特征识别类簇，尤其适用于非凸性数据集。该类算法不仅能够适应任意形状的簇结构，还具备过滤噪声数据的能力，大幅提升了聚类结果的准确性。其代表性算法通过定义核心对象与密度可达性，实现了对复杂数据分布的有效建模。

增量式聚类算法针对流式数据的特点，采用单遍扫描策略，动态更新话题簇。该类算法通过设定相似度阈值，实时判断新输入文本的归属，从而实现对话题簇的增量构建与调整。这一特性使其在大规模流式数据处理中具有显著优势，能够很好地适应数据动态变化的场景。

各类文本聚类算法在理论与应用层面均展现了其独特价值，为发现热点话题提供了多样化的技术路径。

（五）文本分类算法

针对社交网络中数据呈现爆炸式增长的现状，聚类效率面临着极大的挑战。为了解决这个问题，提出了一种先分类后聚类的话题挖掘方式。该方式先将文本信息进行准确分类，去除稀疏文本，再进行聚类，从而减少聚类的数据量。文本分类算法是当前研究的重点，现已形成多种算法并得到广泛应用，如决策树分类算法、朴素贝叶斯分类算法、人工神经网络算法、遗传算法与进化理论等。

文本分类是一个有指导的学习过程，通过分类函数或分类模型将集中的数据项映射到给定的类别中。假设存在一组指定的主题类别和一组训练文档，且主题类别和文档库中的文档可能存在层次关系。客观上存在一个目标概念，将文档实例映射为某一类。通过训练文档集，可以找到一个近似于目标概念的模型。对于新文档，分类结果表示为对该文档的分类。分类系统的建立旨在寻找一个最接近目标概念的模型，从而使分类结果与目标概念的误差达到最小。

文本分类的流程包括获取训练文本集、建立文本表示模型、文本特征选取这几个环节。训练文本集的获取对分类器的准确度有重要影响，通常应包含分类器所要处理的各类文本类型。建立文本表示模型是文本分类算法中的基本问题之一，当前的文本分类算法和系统大多以词或词组作为表示文本语义的要素。文本特征选取需要选择尽可能少且与分类主题概念密切相关的特征，以得到较为准确的分类结果。选择恰当的模型建立文本特征和文本类别的映射关系是文本分类的关键所在。

第五章　大数据背景下数据挖掘的实践应用研究

随着信息技术的飞速发展，大数据已经成为现代社会的重要资源。在海量数据的背景下，如何高效地提取、分析和利用这些信息，成为各行各业关注的焦点。数据挖掘技术作为处理和分析大数据的关键手段，其在实践中的应用价值日益突显。本章将深入探讨数据挖掘技术在网络安全、态势感知，以及医疗系统等领域的实践应用。

第一节　数据挖掘在网络安全中的实践应用

基于大数据背景，虚拟网络架构的发展逐渐多元化和复杂化，显著增加了网络安全管理工作的难度。现如今的网络安全技术虽然取得了一定的进步，但整体防护能力仍然存在弊端，容易引发网络安全事故。因此，数据挖掘技术，尤其是强大的网络数据分析和预测功能，在提升网络入侵检测的准确性、效率，以及网络安全指数等方面是很有必要的[①]。

一、网络安全中的信息隐患

（一）数据存储环节的安全风险

在当前的网络安全范畴内，数据存储与处理环节占据着举足轻重的地位。诚然，计算机系统的高效运行离不开数据存储的支撑，但在实际的网络环境应用中，数据存储环节潜藏着不容忽视的安全隐患，尤其是存储介质可能引发的信息泄露风险尤为突出。

---

① 蒋亚平. 数据挖掘技术在网络安全中的应用 [J]. 信息系统工程，2023（5）：73-75.

数据存储介质的泄密问题已成为网络安全领域亟待解决的关键议题。尽管各类存储设备已得到广泛应用，并辅以多种安全防护措施，但这未能彻底消除信息被盗取的可能性。例如病毒程序等恶意软件，可能悄无声息地渗透至系统内部，利用系统漏洞或采取其他技术手段，非法访问并获取存储介质内存储的档案资料和敏感数据。此类数据一旦失窃，不仅会触发严重的信息泄露危机，对个人隐私及组织机密的保护构成威胁，还可能导致经济利益的损失以及社会声誉的损害。

数据存储流程中的安全漏洞也加剧了信息安全的风险。现代计算机系统普遍采用复杂的多元化存储架构，涵盖了本地存储、云存储等多种模式。然而，这些存储模式在设计和运行阶段可能隐含着漏洞与不足，使数据面临被攻击和窃取的威胁。特别是云存储等外部存储服务，由于数据需通过网络传输并托管于第三方服务器，其安全性面临更为严峻的挑战。此外，网络传输过程中的数据截获、第三方服务器的安全漏洞等因素，均可导致数据处于更高的暴露风险状态。

（二）信息窃听

信息窃听作为网络安全领域的重大威胁，已对个人、组织乃至整个社会构成了系统性风险。信息窃听能够借助病毒程序渗透至移动终端等关联设备，非法窃取网络通话内容及其他相关活动信息。此类窃听活动极易诱发信息泄露事件，直接危及个人隐私与安全保障。具体而言，个人的敏感数据、财务记录乃至企业核心机密均可能成为窃听者的觊觎对象。在此情境下，用户的经济安全面临着巨大的安全隐患，因为一旦信息外泄，便可能被用于非法活动，诸如资金盗取或身份冒用等。

信息窃听还可能造成账户失窃等严重后果。鉴于移动终端设备在日常生活中的普及与应用，用户的个人账户信息普遍存储于此类设备之中，且涵盖银行账户、电子支付账户等多种敏感凭证。若此类账户信息被窃取，不法之徒便能借此实施盗窃行为，严重侵害用户的财产安全。账户失窃后，不仅恢复的过程极为艰难，还会给用户带来持久性的经济损失与心理负担。

（三）身份伪造

身份伪造现象在网络安全领域构成了一项重大隐患，其潜在后果不容忽视。在网络系统的广泛应用中，程序代码所具备的可编辑性、开源属性及其系统结构的复杂性，为网络病毒及恶意应用程序利用漏洞、伪造或盗取用户身份信息提供了可乘之机。此类行为若被不法分子利用，便能通过虚构或盗用身份信息的手段，实施一系列违法活动，诸如非法侵占财产、传播虚假信息等，严重扰乱网络秩序与社会稳定。

身份伪造能够诱使网络安全系统产生误判。不法分子凭借精心伪造的身份信息，有可能蒙蔽网络系统的识别机制，使之将攻击者误判为合法授权用户，进而赋予其访问权限。一旦此类未经授权的个体渗透进系统内部，他们便能肆意执行数据篡改、窃取敏感信息等恶意操作，极大地削弱了系统的安全防御能力和稳定运行。

身份伪造极易加剧个人隐私遭受泄露的风险。当不法分子成功盗取并利用他人的身份信息时，他们能够盗用包括姓名、身份证号、银行账户等敏感的个人隐私数据。个人隐私数据的泄露不仅会将受害者暴露于经济欺诈、身份盗用等多重风险之下，还可能对其日常生活和财产安全构成深远且持久的负面影响，这进一步突显了身份伪造问题在网络安全领域的严峻性。

二、数据挖掘技术在网络安全中的应用机制

（一）数据收集

数据挖掘技术在个人隐私保护与网络安全领域展现出显著的应用价值。首先，它能够高效地对数据中的敏感信息进行细致地分析，精确识别出潜在的隐私泄露风险点，进而采取针对性的保护措施，有效增强了个人隐私的安全性；其次，在处理网络安全问题时，数据挖掘技术同样表现出强大的查找与应对能力。网络病毒作为一类典型的网络安全隐患，常通过代码注入的方式在系统中潜伏并传播，对数据信息构成了严重威胁。而数据挖掘技术凭借其强大的数据分析能力，能够从海量数据中捕捉病毒活动的模式与异常行为，实现对潜在病毒程序的早期预警，并据此采取防御措施，有效遏制病毒的扩散与破坏。

数据挖掘技术之所以能在这些方面发挥重要作用，关键在于其深度解析程序的能力，以及对程序关键点的精准把握。通过对网络病毒程序与正常软件代码的对比分析，该技术能够准确识别两者间的相似性特征，进而锁定潜在的威胁源头。此外，数据挖掘技术还能揭示网络病毒的隐蔽性，防止其因不易察觉而引发更严重的安全问题。通过系统地收集与分类病毒代码程序信

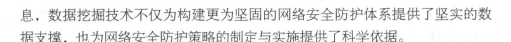

息，数据挖掘技术不仅为构建更为坚固的网络安全防护体系提供了坚实的数据支撑，也为网络安全防护策略的制定与实施提供了科学依据。

（二）数据预处理

在常规操作中，数据预处理流程往往围绕病毒特征信息及决策条件信息等核心要素展开，旨在顺利推进后续的数据分类、分析及审核作业。此环节对于强化网络安全问题信息验证的准确性具有不可忽视的作用，能够有效促进关键数据参数的萃取与相关指标的校验，进而为构建稳固的防御体系提供坚实支撑。

在大数据挖掘技术的实际应用场景中，数据预处理扮演着提升网络安全防护效能的关键角色。借助这一流程，系统能够精确辨识病毒类型并探测系统存在的漏洞，为后续防护策略的制定奠定坚实基础。数据预处理活动通常涵盖数据清洗、数据变换、数据规约及数据集成等一系列精细步骤，旨在确保数据集的精确性、完整性及内在一致性。经过预处理后，能够有效剔除数据中的噪声成分与冗余信息，显著提升数据质量，使之更加契合后续数据挖掘与分析任务的需求，为网络安全防护工作注入积极动能。

（三）数据处理

在网络安全领域，数据处理构成了数据挖掘技术应用的一个核心组成部分。该技术通过深度挖掘并分析相关数据，能够精准提取关键信息，从而有效追溯各类网络安全问题的根源。鉴于网络安全威胁常以代码形式潜入计算机系统，因此，增强网络安全防护能力的关键在于实现网络代码的转换与解析。

数据挖掘技术在数据处理环节展现出显著效能。它依托数据处理模块，对网络安全隐患进行系统性识别与转换，能够精准锁定安全威胁的源头。一旦明确防护对象，数据挖掘技术可立即启动防护机制，阻断传播路径，有效遏制安全问题的扩散趋势。该技术通过对数据信息进行分类、整合与分析，在数据终端执行处理任务，不仅加速了网络安全问题的解析进程，还保障了数据信息的完整利用，从而提升了整体防护效率与价值。

（四）关联数据库

数据挖掘技术借助关联数据库的强大功能，能够获取并应用聚类分析算法这一强大工具，深入考量网络安全问题的多种特征，进而对潜在的安全隐患数据进行深度剖析与精准识别。当发生网络安全事件时，如计算机系统遭受恶意攻击，关联数据库能够迅速捕捉并记录攻击的基本特征、执行程序及运行轨迹等关键信息。在此基础上，可结合关联数据库内丰富的数据资源，使相关数据信息得以整合汇总，并通过聚类分析算法的智能处理，实现对网络病毒等安全问题的精确识别，进而从实质上提升网络安全防护的水平。

数据库的关联特性为数据挖掘过程提供了广泛而详尽的数据支撑，确保了数据挖掘结果的全面性和准确性。通过追溯数据库记录的历史数据，可使安全事件的发生背景及演变过程得以清晰展现，为深入分析和妥善处理提供了可靠的依据。聚类分析算法凭借其强大的数据处理能力，能够对海量数据进行有效的分类与归纳，进而揭示出数据中的潜在规律和异常模式，为识别潜在的网络安全威胁提供科学依据。通过数据库与数据挖掘技术的紧密结合，可以更有效地发现和应对各类网络安全问题，为构建坚实的网络安全防线提供了不可或缺的支持与保障。

（五）网络安全

在当今互联网时代背景下，网络安全已成为关乎社会发展的核心议题，而数据挖掘技术的应用在其中扮演着日益关键的角色。具体而言，数据挖掘技术通过其内置的规则库模块与数据挖掘模块的协同作用，能够实现对相关数据的高效匹配，进而精准地挖掘出潜在的网络安全隐患。这一过程不仅增强了网络安全防护的主动性，也提升了隐患识别的效率。

当数据挖掘技术与适当的决策模块相结合时，该技术会展现出强大的能力，能够有效归纳并分析病毒特征，为从根本上解决计算机网络安全问题提供了有力支持。这种结合不仅深化了对网络攻击行为的理解，还支持制定更为精准和高效的防御策略。然而，数据挖掘技术的效能发挥高度依赖与其匹配的决策模块的准确性和适用性。若缺乏合适的决策模块支持，数据挖掘技术在实际应用中可能会增加误判的风险，进而影响其整体效果。因此，为了充分保障数据挖掘技术在网络安全领域的准确性和有效性，在实践中必须对该技术进行深入的针对性分析。

三、数据挖掘在网络安全中的分析模块

任何针对计算机系统构成的网络安全威胁，其侵害过程皆蕴含一定的可追踪性，网络病毒尤为如此。通过采用数据挖掘技术，并辅以适宜的技术策略，对计算机用户数据进行分类、整合及价值评估，能够实现系统数据的动

态化监测。鉴于数据挖掘技术在实施过程中展现出的流程繁复性与数据海量性的特征，为了强化网络应用的防护能力，必须精准把握各实施阶段的特性，并据此进行合理的规划布局。这可通过构建以下五个核心分析模块，来显著提升网络安全防护的效果。

第一，数据源模块。数据源模块的核心职责涵盖了对网络传输数据的截取、暂存、转发及编辑操作，可确保所有流经网络的数据包均经过其处理与传输流程。数据源模块致力于维护数据的完整性和可用性，为后续的数据处理流程奠定坚实的基础。该模块采用先进的数据包处理与传输机制，为预处理模块提供了高质量的数据输入。

第二，预处理模块。预处理模块旨在应对多种数据类型的预处理挑战，并广泛运用各类数据处理工具与技术。预处理模块的核心任务是将原始数据转化为挖掘算法可高效处理的格式，并实施数据映射、变换及标准化处理。这一过程不仅提升了数据挖掘的效率，降低了成本，还增强了后续分析的准确性和针对性。预处理模块通过将原始数据转换为高质量的可挖掘形式，为数据挖掘模块提供了理想的输入素材。

第三，数据挖掘模块。数据挖掘模块集成了多种信息处理手段，诸如事例推理、统计方法、决策树模型、模糊集理论及遗传算法等。这些技术的协同应用能够深入剖析数据库中的复杂信息，揭示潜在的安全隐患或异常行为模式。数据挖掘模块通过其强大的处理能力，从海量数据中挖掘出隐藏的规律与趋势，为网络安全问题的预防与应对提供了决策依据。同时，处理后的信息也可随即传递至决策模块，以供进一步的分析与策略制定。

第四，规则库模块。规则库模块的核心职能在于系统性地记录并归纳各类恶意行为、非法渗透尝试及网络病毒等安全挑战的特征。通过深入分析并广泛收集安全事件数据，规则库模块能够构建出一个详尽的规则体系，该体系涵盖了安全事件的特征轮廓、内在逻辑关联及相应的防御策略。此规则体系的建立，一方面为网络安全的实时监控与响应奠定了坚实的理论基础，另一方面也赋能安全分析师以更高的精确度辨识并应对潜在的安全风险，进而增强了网络环境的整体安全性和稳固性。

第五，决策模块。决策模块的核心功能在于促进数据挖掘组件与规则库组件之间的无缝对接，以此建立针对网络安全隐患的快速响应与预防机制。决策模块通过细致比对数据挖掘结果与规则库记录，可以有效评估网络系统的安全状态是否面临外部威胁。

具体而言，当检测到的数据包特征与规则库中预设的恶意活动或病毒特征高度吻合时，决策模块能即时触发预警机制，并指导系统采取相应的防御行动，诸如阻断数据传输、隔离受威胁设备或系统，以及通知网络管理员等。决策模块的贡献不仅在于威胁识别，还在于其依威胁特性定制高效的应对策略。通过与数据挖掘模块及规则库模块的紧密协作，决策模块确保了网络安全防护工作的高效执行与精准定位，从而在网络安全体系中担当起决策与行动的中枢角色，为网络安全的维护提供了不可或缺的支撑力量。

四、数据挖掘在网络入侵检测中的应用

　　网络安全防护中入侵检测技术的检测形式，主要包括正常入侵检测和异常入侵检测两种，通常需要将两种检测形式配合使用。在入侵检测中应用数据挖掘技术，可以起到提高入侵检测技术水平和网络安全水平的作用。

（一）正常入侵检测

　　正常入侵检测作为网络安全领域的核心防护机制，其核心目的在于辨识并防御那些偏离正常网络行为轨迹的异常入侵活动。这一机制的运作基石在于对正常网络行为的深度分析与精确建模。具体而言，它涉及对正常网络行为特征的细致筛选、高效提取以及模型化构建。通过构建详尽的正常行为特征模型，系统能够评估用户行为特征与预设正常模型之间的吻合程度，并据此判定用户行为是否属于正常范畴。尽管如此，技术层面上的局限性可能导致此类判定存在一定的误差。鉴于此，在实际部署时，需结合精细化的数据分类与标记策略，以提升数据分析的精确度。这些策略通过引入更为细致的数据区分与标签化手段，促使系统能够更为敏锐地捕捉异常行为迹象，并据此强化针对非正常入侵的检测力度与防御效能。

（二）异常入侵检测

　　异常入侵检测在网络安全领域中占据着举足轻重的地位，其核心功能聚焦于识别并防御各类未知的、非典型的入侵活动。具体而言，该过程起始于异常数据的系统性收集，这一过程要求系统能够全面捕捉并记录网络环境中出现的所有异常操作及数据痕迹。紧接着，通过构建精密的分析模型，对这些异常数据进行深度剖析，从中提取入侵行为的典型特征，并据此不断充实异常数据模型库。这一系列步骤共同构成了一个针对异常入侵行为的高效识别框架。

一旦网络遭遇非法入侵，若入侵行为特征与历史异常记录存在相似性，异常入侵检测系统便能迅速且精确地辨识出这些威胁，从而显著提升网络的安全防护能力。从技术的角度来看，异常入侵检测的优势在于其所需处理的数据信息相对直观，更易于构建数据模型。然而，该技术亦存在一定的局限性，即它主要依赖已知入侵行为的特征进行识别，对于全新的或尚未显露的入侵模式，其识别能力显得力不从心。

为了克服这一挑战，将数据挖掘技术融入异常入侵检测体系成为一种有效的应对策略。该策略利用数据关联分析技术，专注于从历史入侵事件中提取关键信息，并通过深度挖掘攻击链路，优化数据分类的参数配置，并运用先进的算法实现科学预测。数据挖掘与异常入侵检测技术的融合，不仅强化了数据分析的预测能力，还极大地提升了对于未知入侵行为的检测与预测精度，从而进一步增强了网络安全防护体系的全面性和可靠性。

第二节　数据挖掘在态势感知方面的实践应用

态势感知是指通过系统性地收集、整合、分析和解释多源异构信息，以获取对某一特定领域、环境或情境的全面了解和准确把握的能力。这一概念最初源自军事领域，用于描述军事指挥官在作战过程中对战场情况的全面把握和准确判断。随着信息技术的不断发展和普及，态势感知的概念逐渐扩展到了其他领域，如商业、安全、应急响应等。网络安全态势感知技术可以对网络安全态势的未来走势进行有效预测，并将安全反馈结果提供给客户，以支撑网络管理员做出正确决策[①]。

一、态势感知的核心要素与流程

态势感知作为一个综合性的信息分析过程，其核心要素与流程涉及多个关键步骤。

（一）数据采集与预处理

态势感知作为一个综合性的信息分析体系，其核心要素与流程中涉及多

---

① 田进，程江，王许培，等. 大数据时代网络安全态势感知关键技术探析 [J]. 软件，2023，44（4）：168-171.

个关键步骤，其中数据采集与预处理是两个重要的环节。这两个步骤的有效执行对于后续的分析和决策制定至关重要。

1. 数据采集

数据采集涵盖从多元化的信息源（如传感器系统、日志文件记录以及数据库存储等）中系统性地搜集相关数据。这些数据范畴广泛，既包含结构严谨、易于处理的结构化数据（如数据库中的条目），也囊括了形式多样、内容复杂的非结构化数据（如社交媒体上的文本发布、连续的视频数据流等）。在此阶段，确保数据的精确无误、全面覆盖以及即时更新具有极高的重要性。这是因为精确性奠定了后续数据分析结果可信度的基石，全面性防止了因信息遗漏而引发的误判风险，而实时性则促进了态势感知能力的敏捷响应，使之能紧跟动态变化的情境。

2. 数据预处理

（1）清洗数据。清洗数据旨在剔除噪声数据并修正错误，从而提升数据质量，这一过程针对的可能问题源包括传感器失灵或数据传输错误等。

（2）转换数据。转换数据是将数据调整为适合深入分析的形式，这既包括格式的统一转换，使之符合标准规范，也包含归一化处理，旨在抹平不同数据源间的差异性。

（3）数据标准化。数据标准化强化了数据的一致性，为后续的分析流程提供了便利，提高了分析效率。

（4）数据特征提取。通过特征提取，能够深入挖掘数据内在的特征与规律，为构建分析模型奠定坚实的基础，从而有助于更深刻地理解数据背后的信息。

（二）数据融合与整合

在态势感知的信息分析过程中，数据融合与整合是至关重要的步骤，它们通过有效整合和利用来自多个数据源的信息，支持全面的态势分析和决策制定。

1. 数据融合

数据融合是一个将源自多样化渠道的信息进行合并与关联的专业流程，其核心在于应对态势感知领域内广泛存在的多源数据挑战。这些数据源可能涵盖传感器输出、社交媒体内容及系统日志文件等多种类型，共同构成对某一态势的全面描述基础。在数据融合过程中，面对数据类型、格式及时空分辨率的差异，必要的预处理步骤变得尤为重要，如数据格式的统一转换、时间戳的对齐等，以确保数据融合结果的有效性和可利用性，为后续分析奠定坚实的基础。

2. 数据整合

数据整合作为数据融合后的关键环节，旨在将已融合的数据纳入统一的态势感知体系结构中。此过程不仅致力于剔除冗余数据与解决潜在冲突，还力求构建逻辑清晰、连贯一致的态势图景。在整合时，必须细致考量数据的时空属性，特别是时间标记与地理位置信息的精确匹配，这对于确保态势描述的准确性至关重要。同时，数据的一致性与完整性验证也是整合阶段不可或缺的一部分，它们共同提升数据的可信度，使之成为支撑深入分析与科学决策的有力依据。

（三）态势分析与评估

态势分析与评估是态势感知过程中至关重要的环节，通过对整合数据进行深入分析和验证，为决策者提供准确的态势认知和支持。

1. 态势分析

态势分析是借助数据挖掘与机器学习技术对综合数据集实施深度探索与提炼的一个关键阶段。该过程聚焦于辨识数据内隐含的模式、关联性以及发展趋势，同时挖掘潜在的风险与威胁因素。借助这些先进技术，能够从庞大的数据集中提炼出富有价值的信息，帮助决策者清晰地把握当前态势及其未来演变趋势。具体而言，通过对过往数据的系统性分析，能够揭示出特定的行为模式或异常状况，为预测即将发生的事件或趋势奠定坚实的基础。态势分析成果构成了决策过程中的重要参考系，促使决策者能够迅速且精准地做出响应。

2. 态势评估

态势评估是对分析成果的进一步校验与评价。这一步骤旨在确保分析结果的可靠性、精确性以及实用性，从而巩固态势感知的准确性。该环节重点审视分析流程中的薄弱环节与限制条件，为后续的优化工作提供反馈。在实际操作中，态势评估可能涵盖对分析结果的重复性验证、与实际情境的对照分析以及专业评审等多种手段。通过这一系列的评估措施，可以有效验证分析结论的可信度，并及时发现潜在的误差或偏差，进而不断提升态势感知的精确度和可靠性，为决策提供更为坚实的信息支撑。

（四）结果展示与决策支持

1. 结果展示

结果展示是将态势感知分析精髓以明晰且直观的形式传达给决策者或终端用户。此过程超越了单纯数据披露的范畴，巧妙融入可视化手段，诸如图形报表、热力分布图等，旨在揭示态势随时间与空间演变的全貌及威胁格局，促使决策者能够迅速洞悉全局动态。结果呈现的核心价值在于其利用图表化与可视化策略，能够将复杂的有效信息转化为为直观认知，为决策者构筑起决策制定的坚实信息基础与逻辑依据。

2. 决策支持

决策支持建立在结果呈现的基础之上，旨在为决策者量身打造一系列策略提议与行动指南。该机制深化了决策者对当前态势的把握，帮助其规划出更为精准、高效的应对策略，并优化资源配置。尤为重要的是，决策辅助还蕴含着预见未来的潜能，通过深度挖掘历史数据、实施模拟预测等手段，能够前瞻性地识别潜在风险与挑战，从而引导决策者预先布局防御与响应策略。因此，决策辅助机制不仅提供基于既有数据的即时建议，还展现出一种前瞻性的洞察力，为决策者勾勒出一幅全面且长远的决策支持蓝图，极具参考与实践价值。

二、数据挖掘在态势感知中的具体应用

（一）网络安全态势感知

1. 异常流量检测与预警

网络流量监控作为评估网络安全态势的核心指标，在异常流量检测与预警中扮演着重要的角色。其机制在于，系统通过持续且实时的流量监控，能够准确识别异常流量模式，进而对潜在的攻击行为发出预警。这一过程主要依赖流量分析与机器学习技术的融合应用，即通过构建基于大量正常流量数据的模型，系统能够识别出偏离模型的异常流量，并在第一时间触发预警机制，确保安全团队能够迅速响应。

2. 威胁情报收集与分析

威胁情报的收集重点在于从多元化的信息源（如开源情报资源、安全专业社群及合作伙伴网络）中提取潜在威胁信息，这些情报涵盖了恶意软件样

本、黑客组织概况及漏洞利用详情等关键要素。威胁情报的分析则包括细致地筛选、验证、分类，以及深度挖掘情报中的核心价值点，旨在全面理解威胁的本质、攻击模式及目标特征，为防御策略的制定与实施奠定坚实基础。

3. 攻击溯源与影响评估

攻击溯源与影响评估是网络安全事件响应的核心环节。它要求对攻击行为的起源、传播路径及最终目标进行详尽剖析，旨在揭示攻击者的技术特征、所用工具及策略，同时评估目标系统的敏感程度及受损状况。这一过程不仅有助于明确攻击者的身份与动机，还能为后续的修复措施及防御机制的强化提供科学依据。

4. 安全事件关联分析与预测

安全事件的关联分析与预测能力，对于提升网络安全防护的有效性至关重要。通过对多个安全事件的关联深入分析，可以揭示事件间的因果链、时间线及相互作用，从而实现对网络安全态势的全面洞察。基于历史数据的模式识别与趋势预测技术，系统能够进一步预测未来安全事件的可能类型、发生时间及潜在影响范围，为制定前瞻性的应对策略，以及有效减轻潜在损失提供有力支持。

（二）交通流量态势感知

1. 交通拥堵预测与疏导

交通流量态势感知系统结合历史交通数据与外部影响因素（如天气、节假日等），运用先进的数据挖掘与预测算法，能够准确预测潜在的交通拥堵情况。预测结果一旦确认，系统会随即启动一系列疏导措施，包括但不限于调整交通信号灯配时、优化道路交叉口设计，以及向驾驶员推送实时路况信息，从而有效缓解拥堵状况。同时，系统还为交通管理者提供了基于数据的决策支持，帮助其制定长远的交通疏导策略。

2. 交通事故预警与应急响应

交通流量态势感知系统通过实时监测车辆行驶状态与道路环境数据，并结合事故历史规律，能够实现对潜在事故的预警。当检测到异常驾驶行为或道路环境不利条件时，系统会迅速向驾驶员及交通管理部门发送预警信息，以提升行车安全。同时，系统内置的应急响应机制能够自动触发，如调度救援车辆、调整交通流量，以使事故带来的负面影响最小化。

3. 车辆行驶轨迹分析与优化

交通流量态势感知系统通过实时监测与分析车辆行驶轨迹，能够精准识别车辆行驶规律与出行需求，为优化行驶路径提供了科学依据。基于这些数据，系统能够提出减少绕行距离与缓解拥堵的优化建议，以提升道路使用效率。对于出行者而言，系统还能提供个性化的出行规划，包括最佳出行时间与路线选择，从而增强其出行体验。对于公共交通系统而言，通过分析乘客轨迹与需求，有助于系统优化公交线路设计，提高公共交通服务的覆盖范围与乘客满意度。

4. 交通流量模式挖掘与规划

交通流量态势感知系统通过对长期交通流量数据的深入挖掘与分析，揭示了交通流量的时空分布与周期性变化规律。这些分析成果为交通规划与管理提供了宝贵的数据支持。基于这些模式，系统能够辅助交通管理部门制订科学合理的交通规划方案，如道路网络优化与交通设施增设。同时，系统还为交通政策的制定提供了实证支撑，促进了城市交通的可持续发展。

（三）市场动态态势感知

在市场动态态势感知中，数据挖掘技术的应用已经成为商业决策的重要工具。

1. 产品需求趋势预测与调整

借助数据挖掘技术的强大能力，企业能够系统性地分析市场数据与消费者反馈，从而实现对产品未来需求趋势的精准预估。这一过程涵盖了对新产品市场接纳度的分析、现有产品迭代方向的明确，以及市场对特定功能与特性偏好的洞察。基于这些细致的预测分析，企业可迅速调整其产品设计与开发策略，确保产品紧密贴合市场需求，进而提升产品的市场竞争力。

2. 消费者行为分析与预测

通过深度挖掘消费者的大规模数据集合，包括购买历史、在线搜索行为及社交媒体互动等，企业能够全面把握消费者的偏好变迁、消费习惯及行为模式。这些数据能够为构建精细化的消费者画像提供坚实基础，而结合机器学习算法的预测能力，企业能进一步预测消费者的未来购买倾向及行为趋势，为精准营销与客户定位提供科学依据，有效促进销售转化率的提升。

3. 竞争对手动态监测与分析

企业通过系统性收集并分析竞品的产品详情、定价策略、市场推广活动等关键信息，能够实时掌握市场竞争态势的演变，明确竞争对手的优势与短板，从而识别市场中的机遇与潜在威胁。此外，运用文本挖掘技术，企业还能有效监控并分析竞争对手在网络空间中的口碑舆情，及时预警并妥善处理可能存在的声誉风险，维护企业的品牌形象。

4. 市场风险评估与应对策略

在市场风险评估与应对策略的制定方面，企业需综合考量市场数据、行业发展趋势及竞争对手动向，以此识别如需求萎缩、竞争加剧、供应链扰动等潜在的市场风险。在此基础上，企业可灵活部署风险管理策略，诸如调整产品结构、优化供应链管理、强化市场营销举措等，以有效应对市场的不确定性，从而确保企业在复杂多变的市场环境中保持稳健的竞争优势。

（四）医疗健康态势感知

在医疗健康态势感知中，数据挖掘技术的应用已经成为提高医疗效率和服务质量的重要手段。

1. 患者健康状况分析与预测

在患者健康状况分析与预测领域，运用先进的数据分析技术，诸如临床数据分析、生物标志物分析以及基因组数据分析，能够精准地识别患者潜在的健康风险，并构建个性化的疾病预测模型。这些模型能够为临床医生提供科学依据，帮助他们制定更为精准的诊断策略与治疗计划。同时，借助机器学习算法，临床医生能够实现对患者病情发展的有效预测，促使医疗机构能够未雨绸缪，采取前瞻性的预防措施，从而显著降低疾病的发生率与恶化风险。

2. 医疗资源配置与优化

在医疗资源配置与优化的过程中，通过对医院就诊数据的深度剖析、患者流动模式的细致观察以及医疗设备使用效率的精确评估，可以精准识别资源利用的瓶颈区域与低效环节。基于这些分析成果，医疗机构能够制定针对性的资源配置优化策略，旨在提升服务效率与服务质量。这包括但不限于根据就诊量与病情紧急程度灵活调整医生排班，以及合理规划手术室与检查设备的使用时段，确保医疗资源的最大化利用与合理分布。

3.医疗服务质量评估与提升

医疗服务质量的评估与提升依赖对患者就诊体验、医疗记录及费用数据的全面分析，以客观反映患者的满意度与服务质量现状，并揭示服务流程中的短板与不足。基于这些洞察，医疗机构能够采取针对性的改进措施，包括优化服务流程、提升医护人员专业技能等，以期全面提升医疗服务质量，增强患者的整体满意度与信任度。

4.病情监测与预警

在病情监测与预警方面，大规模医疗数据、病例报告及社交媒体信息的综合分析，为及时发现疾病暴发趋势、预测病情发展提供了强有力的支持。这些预警信息对于政府及医疗机构而言至关重要，能够促使相关部门迅速做出响应，采取包括加强病例追踪、优化医疗资源调配、制定科学公共卫生政策等在内的多项措施，从而有效控制并减缓病情的扩散速度，保障公共卫生安全。

第三节 数据挖掘在医疗系统方面的实践应用

随着医疗系统中数据量的快速增长和信息化的推进，运用数据挖掘技术为从这些大规模、多样化数据中提取有价值的信息提供了可能。数据挖掘技术能从大量的医疗数据中识别出与疾病相关的模式和规律，为医疗决策和诊断提供支持。因此，医院需要充分认识到数据挖掘技术的重要性，结合医院系统的特征，将数据挖掘技术应用其中，以优化医疗系统，从而提升医疗服务质量①。

一、医疗信息系统概述

医疗信息系统（HIS）是指利用现代互联网技术，融合软件与硬件技术的综合性解决方案，旨在全面记录病人就诊流程及医院信息管理的各个环节。该系统通过收集、存储、处理及汇总诊疗全过程中的各类信息，从海量数据中提炼出有价值的医疗知识，从而为医院管理层及患者治疗流程提供全面的

---

① 吕沁，陈义良，叶森.数据挖掘技术在医疗系统中的应用［J］.科技与创新，2024，10（20）：108-110.

医疗服务与智能化的决策辅助。HIS 的构建需具备高度的通用性，以适应不同类型医院的运作需求，从而确保系统的广泛适用性与实用性。

HIS 通过将计算机技术应用于医院管理理论与实践的深度融合，实现了医院各业务环节的信息化管理与紧密衔接，显著提升了医院的运营效能与业务执行效率。具体而言，HIS 在系统架构下可细分为临床医疗系统与综合管理系统两大核心模块。临床医疗系统涵盖了诊疗、化验、影像等直接支持临床业务的子系统；而综合管理系统则包括财务、办公智能化等优化医院运营的子系统。本书聚焦于临床医疗系统内的数据挖掘与分析领域，探讨其如何通过高级分析技术进一步赋能医疗服务。

当前，医疗信息系统依据数据类型与内容的不同，主要划分为病患信息、医疗经济信息与医院物资信息三大维度。从软件应用层面划分，医疗信息系统又可分为医院综合管理软件和医院临床医疗管理软件两大类：前者侧重于管理医院的硬件设施、经济信息与物资（如药品、耗材）等，后者则专注于病患的诊断与治疗流程管理，确保医疗服务的精准与高效。这一分类框架既体现了 HIS 的多功能性，也突显了其在提升医疗服务质量和医院运营效率方面的重要作用。

（一）医疗信息系统数据挖掘的特点

在医疗机构中，医疗信息系统全面渗透至医院管理与临床诊疗的各个环节，囊括了患者诊疗流程中的详尽信息及医院运营管理的各项数据。医疗数据挖掘相较于传统数据挖掘，其独特性在于挖掘结果呈现出显著的模式多样性、数据格式的非完整性以及数据重复性等特点。

模式多样性具体体现为医疗信息数据的构成复杂多变，涵盖了患者生理指标、实验室检测结果等数值型数据，心电图等图像资料，医生诊断报告等文本信息，以及手术操作视频等非结构化数据。这种多样化的数据模式无疑增加了医疗数据挖掘的复杂性与挑战性。

数据格式的非完整性源于医疗服务实践，患者的诊疗过程往往分阶段进行，且医疗记录受多种因素影响，难以保证格式统一和内容全面，从而导致大量医疗数据呈现出不完整性或模糊性特征，为数据分析带来了额外难度。

至于数据的重复性，鉴于某些疾病在患者群体中的症状表现、实验室检查数值及治疗方案等方面存在相似或一致的情况，使医疗数据集普遍存在冗余或重复信息。因此，在进行医疗数据挖掘之前，对数据进行预处理，以消除或降低这种重复性，成为提升数据质量与挖掘效率的关键步骤。

（二）医疗信息系统信息流程

医院中的医疗信息系统，是深植于计算机技术之中的先进管理工具，依托于互联网这一庞大的信息高速公路，高效地整合并利用各类资源，以实现对医疗信息的全面、精准管理。在这个系统中，信息的流向如同血脉，引领着整个系统的运作。当病患就诊时，一系列与诊疗相关的信息便随之产生，这些信息经过系统的处理与流转，不仅能够生成详尽的治疗费用明细和诊断报告，还能够为医生的科学决策提供依据，以优化诊疗流程，提升服务质量。医疗信息系统的应用，极大地促进了医疗资源的合理配置，提高了医疗服务的效率与质量。

（三）医疗信息系统医疗费用的核算

患者的医疗费用构成颇为繁复，涵盖诸多方面，总体而言，它代表了患者在医院接受治疗期间所累积的各项治疗相关支出，这些支出既包括物质资源成本，也包含劳务成本。自患者踏入医院并完成挂号起，即产生挂号费用；在进入科室接受诊疗时，则产生诊断费及检查费；若病情需住院治疗，还将增添住院期间的药品费、医疗用品费及护理等人工服务费。医院服务流程中的每一环节均伴随着相应费用的产生，而这些费用均需通过医疗信息系统实施精确的成本核算。

医疗信息系统的运作伴随着医疗活动的展开，实现了信息的流通与实时处理。该系统以大型关系型数据库作为其后端存储，充分利用此类数据库的安全特性来确保数据的安全无虞。此外，系统设计者还能够构建多样化的数据模型，将系统功能与医院实际运营业务紧密融合，从而使系统能依据既定分类准则，为不同类型的用户提供贴合其需求的服务。医疗信息系统对医疗数据的有效管理，其核心目的在于为医院的行政管理工作赋能，既能为医院管理层提供关键的数据支撑，有效缓解医院员工的工作压力，又能辅助决策者进行科学、合理的战略规划与决策制定。

二、医疗数据挖掘分析与设计

在医疗系统中，为了能够利用数据挖掘技术挖掘出有用的信息，应该为整个系统构建完整的分析模块，这样可以针对患者在医院诊疗过程中产生的数据进行分析以及处理，并且根据分析结果进行预测，可进一步指导医院中各种治疗方式的标准化。

（一）选择数据挖掘策略

鉴于数据挖掘任务的差异性，相应的数据挖掘策略亦需有所区分。一般而言，主要有两种挖掘策略可供选择：一是面向对象的挖掘策略，二是面向应用的挖掘策略。在数据挖掘流程启动之初，首要任务是合理选定数据处理方法，采用恰当的策略与步骤，以确保数据挖掘目标的达成。

在面向对象的数据挖掘过程中，数据源扮演着核心角色。无论用户提出何种挖掘需求或目标，挖掘活动均应始于数据源。这一策略要求先从数据源中提取数据，并基于此数据源执行后续操作。在数据挖掘模型构建完成后，需将异构数据整合为统一格式，便于用户进行挖掘操作。相比之下，面向应用的挖掘策略则侧重于从主要目标出发，首先明确挖掘目的，并以此为导向展开后续数据处理，同时利用该目标统一数据格式。

面向对象的挖掘策略通常在构建数据仓库之后实施；而面向应用的挖掘策略则在模型建立之前，先行构建数据仓库。面向应用的挖掘策略涉及初步数据处理，先将各类数据源存入相应数据仓库，并以此为基础构建数据挖掘模型。其难点集中于工作初期，因需要处理的数据量庞大，一旦数据仓库建立，后续模型构建工作将更为顺畅。

经过对医院医疗信息系统中医疗费用相关信息的深入剖析，决定采用面向应用的数据挖掘策略。尽管前期数据处理面临数据量大、去噪耗时等挑战，会导致效率有所下降，但该策略具有显著优势。它能整合医院管理中产生的各类数据，确保数据的一致性，从而在后期模型构建时提升效率。此外，已建成的数据仓库基于医院原有的数据集，在数据挖掘时无须重复处理数据，既提高了挖掘系统效率，又降低了系统开发成本。

（二）医疗数据的聚类分析

聚类分析方法的核心在于依托数据实现对信息的有效归类，这一技术在文档分类等领域尤为常见。其执行流程蕴含两个关键环节：特征量的提取与信息分类的实施。在实践操作中，聚类分析的首要步骤是对数据进行预处理，即去噪，旨在筛选出具有分析价值的数据，剔除无用信息，以此确保数据的纯净性和分析效率。随后，进行样本统计并提取特征量，这是实现数据归类与聚合的基础。同时需要解决度量问题，即将具体事物转化为可量化的特征量。在明确度量方法后，将样本数据代入，运用适当算法构建聚类分析模型，从而确定不同聚类簇的典型向量，为后续样本归类提供坚实的依据。在此基础上，可采用相似度计算方法，对剩余数据进行归类处理。

针对患者治疗费用构成数据的聚类分析，旨在揭示医疗花费的潜在规律。患者诊疗费用的组成通常存在一定的相关性，且受年龄结构、收入水平等因素的影响，使居民在医疗费用构成上展现出差异性。通过对居民医疗费支付习惯的聚类分析，可以深入理解患者对医疗费用的使用模式。此方法的优势在于，它能深化对医疗费用构成的认知，为相关案例的研究提供便利，促进医疗费用管理的精细化。

K-means 算法作为聚类分析中的常用手段，其原理基于现有数据样本进行聚类，以确立分类标准，实现样本的有效归类。具体流程包含四个步骤：①预设常数 k 作为分类基准，并随机选取 k 个样本作为初始簇中心；②通过相似度计算，将剩余样本逐一分配到最相似的簇中；③根据新加入的样本调整簇中心位置，重新计算，得到新的簇中心；④利用评价函数检验簇集特征是否达标，若不满足要求，则重复第二、三步骤，直至满足预设条件为止。这一过程能够不断训练聚类簇，形成明确的归类标准，即各类簇及其特征矢量。对于新样本，可通过相似度计算轻松归类至相应簇中，实现高效的数据管理与分析。

（三）医疗系统数据仓库设计

在医疗管理系统的架构中，后台数据库的挖掘工作依赖于 SQL Server 这一强大工具展开。通过运用 SQL Server，软件开发团队能够灵活地创建多样化的用户角色，这一做法旨在根据用户权限的差异性，精确地为不同用户群体分配与其需求相契合的业务功能。具体而言，每种业务功能均对应特定的数据库表，这种设计不仅确保了数据库中信息的逻辑合理性与安全性，还极大地促进了用户高效执行数据库维护任务的能力。进一步来说，医疗系统内构建的数据表与医疗管理系统的各项业务功能紧密关联，这一体系结构不仅提升了数据处理的针对性与效率，也为医疗信息的精准管理与安全使用奠定了坚实的基础，展现出高度的实用价值及参考意义。

1. 医疗系统体系结构

一般而言，为了有效获取并利用信息，首要步骤是将所收集的信息依据统一的标准进行规范化处理，确保这些信息能被充分利用，进而从中挖掘具有再次利用价值的数据资源。基于这些数据，可以构建满足特定需求的数据模型。在医疗管理系统的语境下，该系统展现出其独特性，且其生成的数据不仅复杂度高，而且体量巨大。用户在尝试对这些数据进行规范化处理时，往往会面临较大的挑战。因此，相较于其他系统，在医疗信息系统上实施数据挖掘所采用的方法更为复杂、精细。

针对医疗信息系统，初步措施是对其原始数据进行预处理，随后将这些经过处理的数据整合起来，构建数据仓库。这个数据仓库成为了后续系统提取有用信息的稳固基石。在此基础上，选择恰当的数据挖掘与分析策略至关重要，这涉及建立高效的数据挖掘模型。此模型旨在为医疗部门构建一个管理决策支持平台，从而为其运营管理和战略决策提供科学依据。

2. 数据提取操作

在构建数据仓库的过程中，数据抽取环节占据着核心地位，它涵盖了数据提取、转换及载入三大关键步骤。数据提取作为初始步骤，其核心任务是从众多异构、分布广泛的数据源中提取信息。这一过程不仅要跨越不同的物理位置，还涵盖了数据结构层面的转换，旨在将收集到的数据经过必要的处理与转换后，顺利加载至数据仓库之中。

在数据仓库构建的初期阶段，数据提取扮演着至关重要的角色。它要求精准定位并迁移散布于不同存储位置的数据至统一的数据仓库环境。其中，数据的加工处理因涉及复杂的数据清洗、格式化等操作，往往耗时较长。相比之下，数据加载阶段则相对迅速。

数据仓库作为信息的汇聚地，其构成成分丰富多样，既有源自其他数据库直接导出的数据，也有经不同存储媒介转换而来的数据，还有系统业务执行过程中自动生成的数据。数据仓库独立于原始数据源运作，但集成这些数据源中的样本至数据仓库内并非易事，关键在于确保样本的完整性与准确性。因此，在数据导入过程中，选择恰当的导入策略成为首要考量因素。

为确保数据提取的高效性与准确性，事先的充分准备不可或缺。这包括清晰界定数据提取的来源范围，辨析所用数据库管理系统的特性差异，评估系统中手工输入数据的占比，以及确认数据的结构化程度。这些准备工作为后续的数据提取奠定了坚实的基础。

当准备工作就绪后，数据提取工作随即展开。具体实施策略多样，包括但不限于对源自应用系统的数据，通过特定的数据库管理系统，利用 SQL 语句实现高效提取；对业务系统外的数据源，通过将数据导入文本文件或利用数据库链接技术建立程序接口来完成提取；面对大型数据库应用系统，则需特别关注新增数据的同步提取，以确保数据的实时性与完整性。这些策略的应用，有效保障了数据仓库构建过程中数据抽取环节的高效与精准。

3. 确立挖掘主题

在数据仓库的构建体系中，组织数据的方式倾向于面向特定主题。这一过程实质上涵盖了数据仓库模型的创建与定义，其中，主题的确定构成了模型开发的核心环节。对于医疗系统这一应用场景而言，主题代表着在既定层级上实施的数据归纳、整合及抽象化处理。一般而言，主题聚焦于某一研究范畴内的分析实体，而主题域则是对这些分析实体覆盖范围的进一步界定。在着手构建数据仓库的初期，深入剖析并明确主题是至关重要的前置步骤，旨在为后续的数据筹备工作奠定坚实的基础。主题的选定是一个协同的过程，由设计团队与管理决策层的共同参与和决策。

就医院医疗信息相关的数据仓库而言，其核心主题的设定可涵盖病患信息、住院记录、诊疗活动及药品管理等多元化维度，这些主题间存在着内在的逻辑关联。通过围绕这些核心主题构建数据仓库，不仅能够促进数据间有效关联的构建，还能为数据检索与分析提供极大的便利。

在医院详尽调研各项业务运作，并与相关工作人员充分沟通的基础上，将病患信息、住院信息以及药品管理确立为当前研究的首要主题。待主题确定之后，下一步的工作是主题的细化处理，即通过细致的划分过程来识别并界定各主题域，为数据仓库的后续开发与应用奠定更为坚实的基础。

第六章　基于谱聚类的数据集异常挖掘方法与离群点挖掘算法

随着大数据时代的到来，数据集的规模不断扩大，复杂性也日益增加，如何从海量数据中有效挖掘出异常信息和离群点，成为数据挖掘领域的重要课题。异常挖掘与离群点检测不仅能够帮助我们识别数据中的潜在错误、噪声或稀有事件，还能揭示数据背后隐藏的模式和规律。本章将重点探讨基于谱聚类的多维数据集异常子群挖掘探析、基于谱聚类的不确定数据集中快速离群点挖掘算法、基于谱聚类的高维类别属性数据流离群点挖掘算法。

第一节　基于谱聚类的多维数据集异常子群挖掘探析

多维数据集中的异常数据深度挖掘，是实现数据集中、数据有效利用的基础。多维数据集是一种特殊结构，包含多种维度和度量值，前者是实现多维数据结构的定义，后者则是将数值或者数据提供给感兴趣的用户。所有的多维数据集均有自己独特的结构，该结构是多种数据表集合，位于传统数据仓库中。异常子群指的是符合特定条件下的子群，即在多维数据集切片内存在的部分频繁项集，其可能不是整个结构的频繁项集。在分析多维数据集时，应以用户需求为依据，确定上述异常子群，但是在确定过程中，由于数据集的维度具有变化性，且处于不断增加状态，导致异常子群的获取难度增加。谱聚类是以谱图理论为基础的聚类算法，在解决多形状样本空间聚类方面具备显著优势，可完成全局收敛，获取最佳聚类结果。

异常子群挖掘方法在挖掘过程中，受到多维结构的影响，导致挖掘结果均存在局限性，甚至无法完成高维度目标的挖掘。下文基于谱聚类的多维数据集异常子群挖掘方法，依据用户指定的参数，能够完成多维数据集中的异常子群准确挖掘。

基于谱聚类的多维数据集异常子群挖掘由两部分完成，第一部分是数据预处理，通过对数据进行脱机计算，获取数据集中存在的部分候选子群；第二部分是异常子集挖掘，运用基于 L1 范数的约束谱聚类算法挖掘候选子群，获取挖掘结果 ①。

一、多维数据集预处理

设 D 表示处于给定状态的多维数据集；C 和 Z 均表示阈值，依次对应覆盖率和支持度；A 表示属性集，属于用户输入，以其为依据，将 D 中的所有子群返回。

在 C 中的显著子群即构成异常模式的子群，S 表示特定的显著子群；$|tidset|$ 与 $tidset$ 分别表示编号的数量和集合；S 的覆盖率用 $cou(S)$ 表示，结合 C 的概念可得出：$|tidset(S)| = cou(S) \times |D|$。因此，判断新生成的 S 是否为显著子群，可通过 $|tidset(S)| \geq \min cou \times |D|$ 完成。

基本选择器 e_i 生成：a_d 表示离散属性，其属性值则用 υ_d 表示，则 e_i 为 $(a_d = \upsilon_d)$。连续属性用 a_c 表示，由于无法对 a_c 中形成的各个属性均生成一个 $(a_d = \upsilon_d)$，因此需通过划分手段使其形成离散化区间，其划分的总数量用 L 表示，即 $\{[l_0, l_1), [l_1, l_2), ..., [l_{L-2}, l_{L-1}), [l_{L-1}, l_L)\}$。在此基础上，完成相应的 e_i 生成，同时构建 e_i 对应的 $tidset$；$|tidset(e_i)| \geq \min cou \times |D|$，使 e_i 完成一阶子群的形成，且 $S_i = e_i$ 标准；基于此可得：$|tidset(S_i)| = |tidset(e_i)| \geq \min cou \times |D|$，此时 D 中所有的一阶显著子群即生成同阶子群。

为保证获取可靠显著子群，采用属性集子组元组概念建立显著子群索引。该概念存储于 k 阶子群文件中，其包含两部分内容，分别为属性集相同的子群和该属性集自身，且前者属于相同 k 阶。k 阶子群文件中的各个索引均由 k 阶属性显著子集和各属性子集构成，且后者的属性集为 AS_k；在此基础上，能够获取所有子群。由上述分析可知，各个属性代表着各个维度，其只可具备一个属性值。如果 ω 表示 e_i 的属性数量，则 $0 \leq k \leq \omega$。

设 I_{mn} 表示新形成的项集，$|tidset(I_{mn})|$ 的计算通过 $diffset$ 完成，其公式为：

① 康耀龙，冯丽露，张景安. 基于谱聚类的多维数据集异常子群挖掘方法 [J]. 计算机仿真，2023，40（7）：477-480+523.

$$diffset\left(I_{mn}\right) = diffset\left(I_{n}\right) - diffset\left(I_{m}\right) \quad\quad （6-1）$$

$$\left|tidset\left(I_{mn}\right)\right| = \left|tidset\left(I_{m}\right)\right| - diffset\left(I_{m}\right) - diffset\left(I_{n}\right) \quad\quad （6-2）$$

式中，I_n 和 I_m 为项集，两者前 $k-1$ 个项为相同项，$I_{mn} = I_m \bigcup I_n$。

新形成的子群 S_{mn} 与 I_{mn} 可完成相同属性以及属性值的共享，则 $tidset\left(S_{mn}\right) = tidset\left(I_{mn}\right)$；由于 $tidset$ 是 $diffset$ 计算的依据，可得 $diffset\left(S_{mn}\right) = diffset\left(I_{mn}\right)$。基于此，判断 S_{mn} 是否为显著子群，可依据 $diffset$ 完成，求解 $\left|tidset\left(S_{mn}\right)\right|$ 的公式为：

$$diffset\left(S_{mn}\right) = diffset\left(S_{n}\right) - diffset\left(S_{m}\right) \quad\quad （6-3）$$

$$\left|tidset\left(S_{mn}\right)\right| = \left|tidset\left(S_{m}\right)\right| - diffset\left(S_{m}\right) - diffset\left(S_{n}\right) \quad\quad （6-4）$$

通过上述方法获取每个新生成的显著子群 S_{mn} 后，可以 a_d 和 v_d 为依据，形成编号 $\left(sid\left(S_{mn}\right)\right)$，并在此基础上，完成索引 $diffset\left(S_{mn}\right)$ 和 $\left|tidset\left(S_{mn}\right)\right|$ 的建立。同时，通过迭代可获取上一层子群的 $diffset$ 和 $\left|tidset\right|$，由此获取 D 中存在的部分候选子群 S_i。

二、多维数据集异常子群挖掘

（一）算法原理

采用基于 L1 范数的约束谱聚类算法，该算法属于半监督谱聚类算法，利用其完成异常子群挖掘。

用 $G\left(V, E, w, b\right)$ 表示无向图，其中 V 和 E 均表示集合，且分别对应顶点和边；w 和 b 均表示权重，且分别对应边和顶点。$\left(A, \overline{A}\right)$ 作为一个任意划分，有以下公式：

$$gvol\left(A\right) = \sum_{i \in A}^{n} b_i \quad\quad （6-5）$$

$$bal\left(A\right) = 2\frac{gvol\left(A\right) gvol\left(\overline{A}\right)}{gvol\left(V\right)} \quad\quad （6-6）$$

式中，顶点 i 的权重用 b_i 描述，在归一化切割的情况下，其可表示顶点 i 的度，且 $b_i = d_i$；集合 A 的顶点数量用 $gvol\left(A\right)$ 表示；$gvol\left(\overline{A}\right)$ 表示 A 的容量；$bal\left(A\right)$ 表示该划分的均衡性。

若公式（6-6）为划分准则，即：

$$Ncut(A) = \frac{cut(A,\overline{A})}{bal(V)} \qquad (6-7)$$

设 M 和 C 均表示矩阵，分别代表正约束和负约束，当划分满足这两者时，则该划分为一致划分。划分代价函数用 $Ncut(A,\overline{A})$ 表示，为保证其值最小，需对归一化划分进行约束，并获取全部的一致划分。如果约束的可靠性无法保证，存在不正确的约束，可采用折中方式进行处理，且仅针对归一划分和冲突约束，两者的公式为：

$$\widehat{M}(A) = 2\sum_{i\in A, j\in\overline{A}}^{n} q_{ij}^{m} \qquad (6-8)$$

$$\widehat{C}(A) = \sum_{i\in A, j\in A}^{n} q_{ij}^{c} + \sum_{i\in A, j\in\overline{A}}^{n} q_{ij}^{c} \qquad (6-9)$$

式中　　$\widehat{M}(A)$——正约束关系冲突数量的 2 倍，该数量属于 $(A,\overline{A})$，且与 M 对应；

　　　　$\widehat{C}(A)$——负约束关系冲突数量的 2 倍，该数量属于 $(A,\overline{A})$，且与 C 对应。

为获取软约束归一化划分函数，应结合公式公式（6-7）、公式（6-8）、公式（6-9），可得：

$$\widehat{F}_{\gamma}(A) = \frac{cut(A,\overline{A}) + \gamma(\widehat{M}(A) + \widehat{C}(A))}{bal(A)} \quad \gamma > 0 \qquad (6-10)$$

假如一致性划分是对 $(A,\overline{A})$ 的处理手段，则：

$$\widehat{F}_{\gamma}(A) = Ncut(A,\overline{A}) \qquad (6-11)$$

参数 γ 可通过调整自身大小来控制权重，且该权重属于归一化划分和冲突约束。为保证划分结果达到最佳，采用连续放松的方法代替公式（6-10），则约束冲突代价的计算公式为：

$$M(f) = \sum_{i,j=1}^{n} q_{ij}^{m} |f_i - f_j| \qquad (6-12)$$

$$C(f) = vol(Q^c)(\max(f) - \min(f)) - \sum_{i,j=1}^{n} q_{ij}^{c} |f_i - f_j| \qquad (6-13)$$

式中　f——指示向量，用于划分；

　　$\max(f)$ 和 $\min(f)$ —— f 的最大值和最小值。

最优划分结果可通过公式（6-12）和公式（6-13）获取。

对归一化划分进行约束的代价函数计算公式为：

$$F_\gamma(f) = \frac{\sum\limits_{i,j=1}^{n} w_{ij}\left|f_i - f_j\right| + \gamma\left(M(f) + C(f)\right)}{\left\|B\left(f - \dfrac{1}{gvol(V)} < f, b > 1\right)\right\|} \quad (6-14)$$

$$= \frac{R_\gamma(f)}{S(f)} \quad if \quad \gamma > 0$$

式中　B——对角矩阵。

针对 $\left(A, \overline{A}\right)$ 可得 $F_\gamma(1_A) = \widehat{F}_\gamma(A)$，同时可得出以下公式：

$$\min_{A \subset V} \widehat{F}_\gamma(A) = \min_{f \in n} \widehat{F}_\gamma(f) \quad (6-15)$$

设：

$$R_1(f) = \sum_{i,j=1}^{n} \left(w_{ij} + \gamma q_{ij}^m\right)\left|f_i - f_j\right| \quad (6-16)$$

$$R_2(f) = \frac{1}{2}\sum_{i,j=1}^{n} q_{ij}^c \left|f_i - f_j\right| \quad (6-17)$$

则可推导出代价函数的计算公式为：

$$F_\gamma(f) = \frac{R_1(f) - R_2(f)}{S(f)} \quad (6-18)$$

通过公式（6-18）可得 $F_\gamma(f)$ 的结果，即该结果为挖掘最优解。

（二）多维数据集异常子群挖掘流程

结合候选子群的类别多样化特征，对异常子集的挖掘，也可看作对多类别的候选子群进行聚类。为保证挖掘效果，实现不同类别候选子群的最佳聚类效果，可将该聚类采用多类别的归一化图划分替代。在该过程中，采用整合方式对正约束点进行处理，同时重新定义顶点的度和边，以此保证全部的正约束和划分不会产生冲突，实现约化图的形成，完成候选子群的挖掘，即完成异常子群挖掘。具体步骤如下：

第一步，输入内容包括候选子群 $S_i (i=1,2,...,n)$、其类别数量 k 以及正约束和负约束。

第二步，对相似度矩阵进行求解。

第三步，求解矩阵 B。

第四步，为生成约化图，对正约束顶点进行合并处理。

第五步，对第二步、第三步的操作结果进行更新。

第六步，采用二分类对全部的簇进行划分处理。

第七步，求解代价函数，为经过划分的多类划分。

第八步，在多类划分函数中，采用划分手段对其中最小的函数进行处理。

第九步，对形成的簇进行判断，如果数量为 k 个，则直接输出结果；反之则回转第六步。

第十步，输出聚类簇。

第二节　基于谱聚类的不确定数据集中快速离群点挖掘算法

近年来，随着计算机技术的飞速发展，计算机网络应用范围逐年增加，数据库储存技术也呈现出多样化的发展趋势。大量的数据会使传统数据处理技术无法有效地完成数据信息提取，从而导致数据信息利用率低，数据决策性差。为充分利用计算机网络中的海量数据资源，数据挖掘技术应运而生。离群点检测作为数据挖掘技术中的重要组成部分，是规避数据被当作噪声处理的重要方法。由于当前数据离群点检测是在数据正常情况下进行的，无法有效地检测出测量误差、噪声干扰等不确定情况下的离群点数据，因此需要提出更加高效的离群点挖掘方法。

本节讲述基于谱聚类的不确定数据集中快速离群点挖掘算法[①]。

---

① 康耀龙，冯丽露，张景安，等. 基于谱聚类的不确定数据集中快速离群点挖掘算法[J]. 吉林大学学报（工学版），2023，53（4）：1181-1186.

一、不确定数据集的特征提取方法

（一）基于数据不等长序列的数据相似度计算

将不确定数据集的相似度问题转化成数据的度量问题，设不确定数据集中的不等长序列查询矩阵为 C，参考矩阵标记为 K，度量值标记为 α，矩阵之间的对应关系如下式所示：

$$|C_i| < |K_i| \qquad (6-19)$$

式中　C_i 和 K_i——数据的不等长序列。

依据上述得到的不等长序列关系，使用滑动窗口理论将数据沿序列较长的窗口单位进行遍历滑动处理。设定 K_i 为 C_i 的对应序列，二者之间的子序列获取结果如下式所示：

$$\begin{cases} Z(Q)_j = Q_i\left(j, j + |C_i| - 1\right) \\ j = 1, 2, \cdots, |Q_i| - |C_i| + 1 \end{cases} \qquad (6-20)$$

式中　$Z(Q_i)_j$——获取的子序列窗口；

　　　$K_i\left(j, j + |C_i| - 1\right)$——窗口内第 j 个子序列；

　　　$|C_i|$——窗口长度；

　　　i、j——非 0 常数。

基于上述计算结果，可计算数据对应窗口的序列滑动相似程度，过程如下式所示：

$$S_{ei}\left(C_i, Z(C_i)_j\right) = 1 - \left(D_{ij}\left(C_i, Z(C_i)_j\right)\right) / D_{\max} \qquad (6-21)$$

式中　$S_{ei}\left(C_i, Z(C_i)_j\right)$——数据序列的滑动相似程度向量；

　　　$\left(D_{ij}\left(C_i, Z(C_i)_j\right)\right)$——参考序列 C_i 与滑动序列之间的距离；

　　　$D_{\max}$——最大距离。

（二）基于偏最小二乘法的数据集特征抽取方法

基于上述得到的数据相似程度，使用偏最小二乘法完成不确定数据集的特征提取。

设在不确定数据集 B 中存在 m 对数据样本，标记为 (P,Q) 形式，且 $(P,Q)=\{(p,q)\}_{i=1}\in R$，数据集映射方向用 β，χ 表述，则映射投影如下式所示：

$$\begin{cases} p^* = P\beta \\ q^* = Q\chi \end{cases} \qquad (6\text{-}22)$$

式中　p^* 和 q^*——数据集的映射投影面积。

依据上述计算结果可建立数据集的最大化函数准则，过程如下式所示：

$$J_{pls}(\beta,\chi) = \left(\beta^T H_{p,q}\chi\right)^2 / \left[\beta^T \beta\right]\left[\chi^T \chi\right] \qquad (6\text{-}23)$$

式中　$J_{pls}(\beta,\chi)$——建立的不确定数据集准则函数；

　　　$H_{p,q}$——协方差矩阵；

　　　T——函数系数。

依据上述准则可为函数制定相应的数据正交约束条件，标记为 $\beta_k^T \beta_i = \chi_k^T \chi_i = 0$ 的形式，使用拉格朗日乘子，将数据的特征提取问题转换成方程形式，过程如下式所示：

$$\begin{cases} H_{p,q}H_{q,p}\beta = \delta^2 \beta \\ H_{q,p}H_{p,q}\beta = \delta^2 \chi \end{cases} \qquad (6\text{-}24)$$

式中　$\delta^2\beta$ 和 $\delta^2\chi$——转化的特征方程。

设不确定数据集的映射向量为 r，相对映射向量数量不超过 $d(\leq r)$ 组，设数据集的非零特征值为 δ_i^2，使用 ONIPLS 算法完成数据集中第一对映射数据向量的最佳映射面积，以获取数据映射向量的不相关约束条件，过程如下式所示：

$$\begin{cases} \beta_{k+1}^T H_p \beta_i = \chi_{k+1}^T H_q \chi_i = 0 \\ i = 1, 2, \cdots, k \end{cases} \qquad (6\text{-}25)$$

式中　H_p——β 方向的数据方差值；

　　　H_q——χ 方向的协方差值；

　　　T——函数系数；

　　　k 和 i——向量参数。

将数据的映射参数整合成 D_p、D_q 形式，可依据上述计算结果，完成数据特征方程的求解计算，结果如下式所示：

$$\begin{cases} FH_{p,q}H_{q,p}\beta_{k+1} = \delta\beta_{k+1} \\ LH_{q,p}H_{p,q}\chi_{k+1} = \delta\chi_{k+1} \\ F = I - \left(H_p D_p\right)\left(\left(H_p D_p\right)^T \left(H_p D_p\right)\right)^{-1}\left(H_p D_p\right)^T \\ L = I - \left(H_q D_q\right)\left(\left(H_q D_q\right)^T \left(H_q D_q\right)\right)^{-1}\left(H_q D_q\right)^T \end{cases} \quad (6-26)$$

式中　$\delta\beta_{k+1}$ 和 $\delta\chi_{k+1}$ ——数据特征的计算结果；

　　　F、L——方程参数；

　　　I——常数系数。

最后，依据方程的计算结果，可提取不确定数据集的特征向量值。

二、基于谱聚类的离群点挖掘方法

（一）NJW 算法

使用谱聚类算法将不确定数据集的聚类问题转换成图像分割问题。设数据集中各个数据对象为图像顶点，并依据上述得到的数据序列相似程度建立数据关系矩阵，构建数据的谱特征空间，以完成不确定数据集的聚类。

设不确定数据集 B 中有 m 个数据，并以此建立数据图像 $R = (V, E)$，数据对象之间的相似度矩阵标记为 $X = \left(\varpi_{ij}\right)_{M \times M}$ 形式，相似度量值表述成 ϖ_{ij} 的形式，获取结果如下式所示：

$$\varpi_{ij} = \exp\left(-\left\| a_i - a_j \right\|^2\right)/\varepsilon^2 \quad (6-27)$$

式中　exp——指数函数；

　　　ε——数据标准差；

　　　$\left\| a_i - a_j \right\|$——绝对误差。

设数据的对角矩阵为 D，根据上述获取的数据特征，建立数据的谱特征空间 V，利用聚类算法将谱特征空间的列向量聚成 Y 类，具体过程如下式所示：

$$\begin{cases} N_{\text{cut}}\left(V_1, V_2, \cdots, V_n\right) = \dfrac{\text{cut}\left(V_1, V_1^c\right)}{\displaystyle\sum_{i=V_1}\sum_j X_{ij}} + \\[4mm] \dfrac{\text{cut}\left(V_2, V_2^c\right)}{\displaystyle\sum_{i=V_2}\sum_j X_{ij}} + \cdots + \dfrac{\text{cut}\left(V_n, V_n^c\right)}{\displaystyle\sum_{i=V_n}\sum_j X_{ij}} \\[4mm] g_{ij} = \begin{cases} \dfrac{1}{\sqrt{\text{vol}\left(A_j\right)}}, V_i \in A_j \\[3mm] 0 \qquad\qquad ,\text{其他} \end{cases} \end{cases} \qquad (6\text{-}28)$$

式中　$N_{\text{cut}}\left(V_1, V_2, \cdots, V_n\right)$——数据特征空间的聚类标准；

　　　n——图像的分割维度；

　　　i、j——常数；

　　　X_{ij}——数据相似度矩阵；

　　　g_{ij}——数据特征的分段向量；

　　　A_j——数据总特征；

　　　$\text{vol}\left(A_j\right)$——数据特征变量。

依据上述计算结果，可将不确定数据集的矩阵迹问题转化成矩阵分段特征向量问题。

（二）不确定数据集的离群数据挖掘

设不确定数据集中的离群点数据为可分解的离群子特征系统，以及聚类子特征系统的总和，将不确定数据集中的正常类别数据设定成 Δ_n，离群类数据标记为 L_k，聚类子空间由获取的数据特征向量确定。首先，利用谱聚类（NJW）算法对数据特征进行聚类处理，具体过程如下式所示：

$$\begin{cases} O = \{O_1, O_2, \cdots, O_m\} \\ |O_1| \geqslant |O_2| \geqslant \cdots \geqslant |O_m| \end{cases} \qquad (6\text{-}29)$$

式中　O——数据集的聚类结果；

　　　$|O_m|$——绝对值。

依据聚类结果，设定聚类参数为 α、φ，并以此表述数据集的大、小聚类边界，过程如下式所示：

$$\begin{cases} \left(|O_1| + |O_2| + \cdots |O_m| \right) \geqslant |D|^* \alpha \\ |O_b| / |O_{b+1}| \geqslant \varphi \\ bigO = \left\{ O_i \mid i \leqslant b \right\} \\ smallO = \left\{ O_j \mid j \geqslant b \right\} \end{cases} \quad (6-30)$$

式中　$bigO$、$smallO$——数据集的大、小聚类边界；

　　　b、m——聚类系数；

　　　$|D|^*$——绝对值；

　　　i、j——常数。

通过上述聚类结果，设不确定数据集的离群指数为 $\tau(t)$，其表述形式如下式所示：

$$\tau(t) = \begin{cases} \dfrac{1}{|O_j|^*} \min\left(dis(t, O_j) \right), t \in O_i, \\ O_i \in CO, O_j \in IO, j = 1, 2, \cdots, a \\ \dfrac{1}{|O_j|^*} \left(dis(t, O_j) \right), t \in O_i, O_i \in IO \end{cases} \quad (6-31)$$

式中　$\left(dis(t, O_j) \right)$——数据对象最大聚类距离；

　　　$\min\left(dis(t, O_j) \right)$——最小数据对象聚类距离；

　　　I——离群数据；

　　　t——数据聚类中心；

　　　i、j——常数。

最后，依据确定的离群数据，完成离群点的挖掘。

（三）不确定数据集的离群点挖掘流程

不确定数据集的离群点快速挖掘，具体流程如下：

第一，确定数据集中的数据量，估计普通聚类数量 m、以及离群距离数量 n，确定相关聚类参数 α、φ。

第二，依据数据集建立数据相似性矩阵，确定数据相似性权重。

第三，构建对角矩阵为 D，通过数据特征建立数据的谱特征空间 V，并利用聚类算法对谱特征空间的列向量进行聚类。

第四，依据聚类结果，确定聚类大、小边界，完成数据的聚类处理，通过聚类结果获取数据离群指数 τ。

第五，依据确定的离群指数，对不确定数据集中的数据点进行排序，并依据相关参数确定离群指数最大的数据点，以完成数据的离群点挖掘。

第三节　基于谱聚类的高维类别属性数据流离群点挖掘算法

信息产业的发展促使一些领域生成海量连续的、动态的数据序列，通常将其称为数据流。其中，离群点挖掘属于数据流挖掘的关键部分。离群点会使数据集合中的信息或产生机理发生变化，且不满足数据流的一般规律，但它们也可能包括一些容易被忽视的关键信息[①]。因此，对离群点的有效识别与处理，相较于数据挖掘中的其他任务，更能体现数据挖掘的本质要求。在大型数据库环境中，频繁数据通常被视为常态数据，而稀疏数据则可能预示着异常状态。从用户视角出发，挖掘这些异常数据对于维护网络安全、防范通信盗用及网络攻击具有积极意义。

离群点挖掘技术的价值不仅限于网络安全领域，在金融、市场分析以及医疗健康等多个领域均展现出重要的研究意义。在金融交易分析中，离群点检测有助于识别潜在的欺诈行为；在市场趋势预测方面，通过分析客户消费行为的异常模式，可以精准定位市场变动；而在医疗领域，离群点的识别则能及时发现患者的异常生理反应。然而，当前面临的一个重大挑战是如何在具有高维类别属性的数据流中精确识别离群点。

针对低维数据的离群点挖掘，已有的一些方法取得了良好效果，如基于粗糙熵的检测算法和基于相对距离的反 K 近邻数检测算法。这些方法通过重新定义离群点概念，并结合距离度量与局部密度分析，有效识别了全局与局部的离群点。然而，在处理高维类别属性数据流时，这些方法易受到"维度灾殃"问题的影响，导致挖掘精度下降。鉴于此，本研究探索出利用谱聚类算法进行离群点挖掘的新途径。谱聚类算法建立在谱图理论之上，通过将聚

① 康耀龙，冯丽露，张景安，等．基于谱聚类的高维类别属性数据流离群点挖掘算法[J]．吉林大学学报（工学版），2022，52（6）：1422-1427.

类问题转化为图优化问题，实现了对离群点特征的快速识别。并在此基础上，进一步剔除了不显著的特征，保留了具有代表性的特征，最终依据这些特征实现了对离群点的精确聚类。这种方法为解决高维数据流中的离群点挖掘问题，提供了新的视角和有效的解决手段。

一、基于谱聚类的离群点特征选取

（一）数据流的特征与离群点来源

1. 数据流特征

数据流作为信息时代的核心构成，呈现出一种独特的有序序列形态，其特性可通过数据到达的时间戳来精确描绘。在此框架下，数据流中的每一项数据均需严格遵循顺序原则，且仅有一次被扫描的机会，这一特性确保了数据处理的时效性和准确性。

有序性构成了数据流的基础属性，它可确保数据项依据时间戳的自然顺序依次到达，整个流程不受人为因素的干扰，从而保持了数据流的内在逻辑和时序完整性。

随着数据流的海量增长，存储问题成为一个不容忽视的挑战。尽管云计算等先进技术在存储能力上取得了显著进步，但仍难以完全满足数据流持续膨胀的需求。因此，常见的策略是采用基于时间优先级的存储机制，即优先保留新到达的数据，同时适时淘汰旧数据，以平衡存储资源的使用效率与数据的新鲜度。

高速性是数据流的另一个显著特征，数据项的到达速度极快，且呈现出持续不断的态势，这对数据处理系统的实时性提出了极高要求。为了满足这一要求，必须设计高效的数据处理算法和架构，以确保数据能够在第一时间得到有效分析和利用。

高维性是数据流复杂性的重要体现。数据流通常包含多种属性，这些属性共同构成了数据的高维空间。高维性不仅增加了数据处理的难度，也为数据挖掘和分析提供了更为丰富的信息源。因此，如何在高维空间中有效地挖掘数据流的潜在价值，成为当前研究的热点和难点问题。

2. 离群点来源

离群点作为数据挖掘与分析中的关键要素，其来源呈现出多样化的特征。深入探究这些来源，对于理解数据特性及提升数据质量具有重要意义。具体而言，离群点的产生可归结为以下几个主要方面。

一方面，数据流本身的异质性是导致离群点出现的重要原因。在实际应用中，数据流往往源于不同的领域或场景，如科学实验结果的异常波动、网络环境中的诈骗信息或入侵数据等。这些不同来源的数据流，在性质、分布及规律上存在差异，从而在数据集中形成了与主流数据显著不同的离群点。

另一方面，数据量自身的动态变化也是产生离群点不可忽视的因素。随着时间的推移，用户行为、市场趋势或医学研究领域中的基因突变等现象均可能导致数据量的显著变化。这些变化不仅体现在数据量的增减上，还可能引发数据分布及特性的根本性转变，进而产生新的离群点。

此外，数据测量与采集过程中的误差同样会引入离群点。在数据采集过程中，由于设备精度、测量环境或人为操作等因素的限制，数据可能存在一定的误差或偏差。这些误差在数据集中表现为与主流数据显著偏离的离群点，会对数据分析的准确性及可靠性构成潜在威胁。

（二）基于属性权值量化的数据降维处理

在高维数据的挖掘过程中，由于数据属性间普遍存在相关性与冗余性，若直接进行分析，将显著增加计算的复杂度与处理时间。鉴于此，本研究采纳了属性权值量化的数据降维策略，旨在通过合并高度相关的属性并剔除不必要的属性，从而精简数据结构。

信息熵作为衡量数据不确定性的有效指标，其数值大小直接关联于数据量级的感知。具体而言，一个给定的随机变量，其所有可能取值的集合与相应的概率分布共同决定了该变量的信息熵值，其计算公式由此确立。信息熵不仅反映了变量内在的不确定性，而且其变化动态地体现了不确定性水平的调整。相较于传统依赖属性贡献度，但未对权值进行量化处理的降维手段，信息熵的应用有效规避了人为设定的不合理性，提升了降维过程的客观性。

通过引入信息熵增量的概念，能够更精确地量化数据集在特定分割框架下的不确定性变化。在此框架下，数据集的任意子集及其内部元素均被视为随机变量，而子集分割导致的熵值变动可通过公式进行精确计算。此外，结合统计学理论可知，降维的核心在于剔除数据集中的干扰因素，属性权值的量化正是实现这一目标的关键路径。

具体到操作层面，我们定义了属性矩阵以描述数据集的结构特征，其中每一行代表一个目标对象，每一列则对应于一个属性维度。通过计算各属性的信息熵增量，我们能够得出每个属性相对于目标对象的权重，该权重反映了属性在刻画目标特征时的重要程度。在此基础上，我们构建了属性加权距离公式，用于量化目标对象在不同属性维度上的相似性或差异性。需要注意的是，为确保计算的一致性与可比性，我们对距离值进行了归一化处理，从而削弱了数值量纲对降维效果的潜在影响。

（三）离群点特征选取

在数据流预处理阶段完成后，针对离群点特征的提取，我们采用了谱聚类方法。在此方法中，径向基函数（RBF）作为一个核心组件，其性能高度依赖于尺度参数的合理设定。该尺度参数的设计，旨在削弱离群点对聚类过程的干扰，它通过对每个样本与先前定义的若干目标之间的距离进行综合考量来实现。亲和矩阵正是基于这种考量，构建数学表达式，精准地刻画了样本间的相互关系，具体见公式（6-32）与公式（6-33）。其中，矩阵元素反映了样本间的欧式距离，该距离是基于每个样本的第 k 近邻关系构建。

$$\sigma = \sqrt{\frac{1}{p-1}\sum_{t=1}^{p}\left\|x_p^{'} - x_i^{'}\right\|^2} \qquad （6-32）$$

$$A_{ij} = \begin{cases} \exp\left(-d^2\left(x_i^{'}, x_j^{'}\right)/\sigma\right) & i \neq j \\ 0, & i = j \end{cases} \qquad （6-33）$$

式中　A——矩阵；

$d\left(x_i^{'}, x_p^{'}\right)$——样本 $x_i^{'}$ 和 $x_p^{'}$ 之间的欧式距离；

$x_p^{'}$——$x_i^{'}$ 的第 P 个邻居样本。

谱聚类问题被巧妙地转化为无向图分割问题，其中，全体样本构成了无向图的顶点集，样本数量对应于顶点数目，而边的权重则通过亲和矩阵表达，以此体现了样本间的相似程度。为了更有效地筛选离群点特征，引入了熵值的概念，它能够量化体系的无序状态，进而对特征进行重要性排序。

在具体操作上，首先对亲和矩阵进行转置处理，随后应用谱聚类算法。在此基础上，利用熵值法对所有特征进行排序，确保在每个聚类簇中都能挑选出一个最具表征能力的特征，从而形成特征子集。这一特征子集由谱聚类后得到的特征矩阵表征，代表第 i 个特征的向量。

特征间的距离越近，其相似度越高，这就意味着这些特征之间可能存在一定的冗余性。此外，当某个特征的熵值极低或极高时，其对应的相似度值也倾向于较小，反之则较大。若移除某一特征后，整体熵值不减反增，这通常表明被移除的特征相较于其他特征具有较低的代表性。通过这种方式，我们能够更加科学地筛选出对离群点描述最为关键的特征集合。

二、基于距离的离群点挖掘算法

基于距离的离群点挖掘算法，旨在通过分析高维类别属性数据流中的数据块，从而识别出离群点。该算法定义离群点在设定的距离阈值内，离群度超过预设阈值的数据点。假设某随机变量的最大取值为 X，通过对其观测值的平均值进行计算，可以得出在一定几率下的实际平均值，并据此计算离群度。

在数据流集合中，利用滑动窗口构建特征空间。通过将数据作为中心，以半径为特征空间，计算数据在整个数据流中的实际离群度。若滑动窗口内的离群度较小且数据量较大，则可以利用滑动窗口中的离群度预测真实离群度，且随着滑动窗口的增大，预测值将更接近真实值。

假设某随机变量 x，其最大取值是 X，针对 x 的 n^* 个观测值，将其平均值表示为 $\bar{x}$，结合相关定理得出在 $1-\sigma$ 几率下，x 的实际平均值表示为 $\bar{x}-\varepsilon$，则 ε 的计算公式如下：

$$\varepsilon = \frac{X^2 \ln(1/\sigma)}{2n^*} \tag{6-34}$$

假设 $x_{i^*} \in \{0,1\}, i=1,2,...,n^*$ 为随机变量 x 的 n^* 个观测值，$x_{i^*}=1$ 的几率是 P'，$x_{i^*}=0$ 的几率是 $1-P'$，且 $\bar{x}=\frac{1}{n^*}\sum_{n^*}^{i^*=1}x_{i^*}$。对于任意给定的小数 $\varepsilon>0$ 符合下述条件：

$$P'\left(\bar{x}-(x) \geqslant \varepsilon\right) \leqslant \sigma \tag{6-35}$$

式中，σ 符合式（6-34），由于 x 的最大取值是 1，因此，n^* 的计算公式如下：

$$n^* = \frac{1}{2\varepsilon^2}\ln(1/\sigma) \tag{6-36}$$

当数据流的概率分布表现出稳定趋势时，设 P_A' 为数据进入某特征空间 A 中的实际几率，O_A 表示数据集合进入特征空间 A 的集合，则有：

$$P' \frac{n_A^*}{n^*} - P_A' \geqslant \varepsilon \leqslant \sigma \qquad （6-37）$$

式中　n_A^*——数据集合 O_A 的势。

算法的输入包括最近的数据块、可保存的数据块数量、离群度阈值，以及从数据流中任意选取的若干数据。算法输出为所有离群点的集合，具体步骤为：①明确滑动窗口内已储存的全部数据集合；②在数据块中任意选取若干数据，并计算这些数据在数据块与滑动窗口中的离群度；③判定两个数据块的概率分布状况是否一致，若一致则继续后续操作，反之则调整数据块；④若数据块中包含的数据超出容量限制，则去除首个数据块；⑤针对滑动窗口内所有数据点，计算其与集合内全部数据的距离，并将该距离值作为离群度，若该值小于预设阈值，则将其添加到离群点集合中，并重复上述步骤，直至完成所有离群点的挖掘。

参考文献

[1] 曾冬梅. 基于预测编码的语音压缩技术研究 [J]. 无线互联科技，2019，16（14）：128-129.

[2] 陈煜东. 数据挖掘技术及应用探析 [J]. 青年与社会·中外教育研究，2012（5）：109-110.

[3] 丁兆云，周鋈，杜振国. 数据挖掘原理与应用 [M]. 北京：机械工业出版社，2021.

[4] 杜伯阳. 智能制造和大数据挖掘在农业机械设计中的应用 [J]. 农机化研究，2022，44（3）：190-193.

[5] 冯丽露，康耀龙. 立体图像任意剖面轮廓线提取方法仿真研究 [J]. 计算机仿真，2022，39（8）：239-242+285

[6] 葛东旭. 数据挖掘原理与应用 [M]. 北京：机械工业出版社，2020.

[7] 郭新宇，梁循. 大型数据库中数据挖掘算法 SLIQ 的研究及仿真 [J]. 中国管理科学，2004，12（z1）：79-82.

[8] 海浩浩. 基于数据挖掘技术的工程质量监控系统分析 [J]. 电子技术，2024，53（1）：278-279.

[9] 胡水晶. 大数据挖掘的隐私风险及应对策略 [J]. 科技管理研究，2015，35（9）：154-160.

[10] 黄梦婷，张灵，姜文超. 基于流形正则化的多类型关系数据联合聚类方法 [J]. 计算机科学，2019，46（6）：64-68.

[11] 吉根林，赵斌. 面向大数据的时空数据挖掘综述 [J]. 南京师大学报（自然科学版），2014，37（1）：1-7.

[12] 蒋洁. AI 图景下大数据挖掘的风险评估与应对策略 [J]. 现代情报，2018，38（5）：147-151.

[13] 蒋亚平. 数据挖掘技术在网络安全中的应用 [J]. 信息系统工程，2023（5）：73-75.

[14] 康耀龙，冯丽露，张景安，等．基于谱聚类的不确定数据集中快速离群点挖掘算法 [J].吉林大学学报（工学版），2023，53（4）：1181−1186.

[15] 康耀龙，冯丽露，张景安，等．基于谱聚类的高维类别属性数据流离群点挖掘算法 [J].吉林大学学报（工学版），2022，52（6）：1422−1427.

[16] 康耀龙，冯丽露，张景安．基于朴素贝叶斯的分区域异常数据挖掘研究 [J].计算机仿真，2020，37（10）：303−306+316.

[17] 康耀龙，冯丽露，张景安．基于谱聚类的多维数据集异常子群挖掘方法 [J].计算机仿真，2023，40（7）：477−480+523.

[18] 康耀龙，冯丽露，张景安．基于网格索引的云海大数据模糊聚类方法仿真 [J].计算机仿真，2019，36（12）：341−344+441.

[19] 康耀龙，张景安，冯丽露．基于约束满足的大数据聚类中心调度算法仿真 [J].计算机仿真，2020，37（3）：385−388+439.

[20] 李毅，米子川．大数据挖掘的均匀抽样设计及数值分析 [J].统计与信息论坛，2015，30（4）：3−6.

[21] 廖川，白雪，徐明．基于数据挖掘方法的空间大气模型修正 [J].北京航空航天大学学报，2018，44（12）：2628−2636.

[22] 林敏，杨耀宁．大数据挖掘中神经网络学习算法高可靠性仿真 [J].计算机仿真，2023，40（7）：491−495.

[23] 刘春燕，司晓梅．大数据导论 [M].武汉：华中科技大学出版社，2022.

[24] 刘雪飞，林子钊，田启东，等．基于大数据挖掘的电力多源异构信息融合技术研究 [J].制造业自动化，2023，45（9）：75−78.

[25] 吕国，肖瑞雪，白振荣，等．大数据挖掘中的 MapReduce 并行聚类优化算法研究 [J].现代电子技术，2019，42（11）：161−164.

[26] 吕沁，陈义良，叶森．数据挖掘技术在医疗系统中的应用 [J].科技与创新，2024，10（20）：108−110.

[27] 梅晓．图像识别技术在电力系统运维中的应用分析 [J].工程技术研究，2024，9（24）：218−220.

[28] 苗红，连佳欣，李伟伟，等．基于数据挖掘的前沿技术识别方法与实证研究 [J].系统工程与电子技术，2024，46（9）：3082−3092.

[29] 牛少章，欧毓毅，凌捷，等．利用区域划分的多密度快速聚类算法 [J].计算机工程与应用，2019，55（18）：61−66+102.

[30] 沈颖，丁宁．自然语言处理导论 [M].北京：机械工业出版社，2023.

[31] 宋鹏.基于大数据挖掘的多维数据去重聚类算法分析 [J].现代电子技术，2019，42（23）：150-153.

[32] 田进，程江，王许培，等.大数据时代网络安全态势感知关键技术探析 [J].软件，2023，44（4）：168-171.

[33] 王军强.基于数据挖掘在社交网络中热点话题的研究 [D].杭州：浙江理工大学，2016.

[34] 王瑛.WEB 数据挖掘技术及应用研究 [J].时代金融（中旬），2013（12）：425-426.

[35] 韦祎.面向海量数据检索的矢量空间索引 [D].徐州：中国矿业大学，2022.

[36] 吴玉凤.大数据平台中基于深度学习的数据挖掘算法优化与系统设计 [J].信息与电脑，2024，36（1）：97-99.

[37] 薛成，蔡远，李玉萍.基于 WEKA 的在线数据挖掘 [J].中国科技信息，2022（14）：128-130.

[38] 杨思维.医疗系统数据挖掘技术的应用与研究 [D].大连：大连交通大学，2021.

[39] 张静恬，伍赛，陈刚，等.基于多维数据集的异常子群发现技术 [J].计算机学报，2019，42（8）：1671-1685.

[40] 邹泽华，王代春，韩媛媛.基于大数据挖掘的集控设备故障处置辅助决策方法 [J].测试技术学报，2023，37（3）：235-242.